HARVARD

AT 4:30 IN THE MORNING 张宁 编著

哈佛凌晨四点半

文匯出版社

图书在版编目（ＣＩＰ）数据

哈佛凌晨四点半 ：让青少年用哈佛方式成长，像哈
佛人一样成功 / 张宁著. -- 上海 ： 文汇出版社，
2015.6
  ISBN 978-7-5496-1449-3

  Ⅰ．①哈⋯ Ⅱ．①张⋯ Ⅲ．①成功心理－青少年读物
Ⅳ．①B848.4-49

中国版本图书馆CIP数据核字（2015）第069902号

哈佛凌晨四点半：让青少年用哈佛方式成长，像哈佛人一样成功

出 版 人 / 桂国强
作　　者 / 张　宁
责任编辑 / 戴　铮
封面装帧 / 嫁衣工舍
出版发行 / 文匯出版社
　　　　　上海市威海路755号
　　　　　（邮政编码200041）
经　　销 / 全国新华书店
印刷装订 / 三河市金泰源印务有限公司
版　　次 / 2015年6月第1版
印　　次 / 2015年6月第1次印刷
开　　本 / 710×1000　1/16
字　　数 / 212千字
印　　张 / 16

ISBN 978-7-5496-1449-3
定 价：32.80元

哈佛大学最经典、最受欢迎的人生管理课！
帮你打造成功人生的修炼模式！

究竟是什么让哈佛成为精英的摇篮？

大量呈现哈佛课堂上的经典案例、哈佛精英的成功经验和哈佛教授的研究成果，由浅入深，
帮你打造成功人生的修炼模式。

帮你把人生负能量转化为原动力，摆脱迷茫、无奈和平庸！

★ 每个人心中都有一座哈佛大学，　　★ 每个人都应该看一看、问一问自己：
　　不见得走进，但一定要明白。　　　　你的凌晨四点半在干什么？

哈佛不是神话，哈佛只是一个证明，
人的意志、精神、报负、理想的证明。

前言　比我成功的人，也比我努力

　　拥有近 400 年历史的哈佛大学，是一所享誉世界的私立研究型大学，培养出大批的政治家、诺贝尔奖获得者、行业精英……几乎在各个领域都拥有崇高的学术地位和广泛的影响力，被公认为当今世界最顶尖的高等教育机构之一，令无数学子心驰神往。

　　为什么哈佛大学能够培养出这么多社会精英呢？难道一个人的才情、理想在哈佛大学更容易实现吗？还是因为哈佛大学有什么不为人知的成功秘诀？答案只有一个，那就是依靠个人努力。世界上优秀的人有很多，不怕比你优秀的人，就怕比你优秀的人比你还努力。

　　许多人都以为美国的教育是寓教于乐的，只有在亚洲才能看到苦读的学子，可事实并非如此。如果你有机会亲自置身于哈佛大学之中，你就会明白，真正的精英并不是天赋异禀之人，而是比别人付出了更多努力的人。在每一年的开学典礼上，哈佛大学的教授都会这样告诫来自世界各地的新生："这里不是你们奋斗的终点，而是另一段更漫长的征程的起点。"

　　是的，学习没有终点。虽然能够进入哈佛大学的学生都是精英，可是他们却丝毫没有满足于此，自从踏进这座令无数人心驰神往的世界级著名学府之后，他们就从未对学习产生过懈怠心理，而是继续努力。他们坚信："成功并不是随便得来的，它来自彻底的自我管理和坚韧的毅力。即使我现在不是最优秀的，但是只要坚持下去，十年之后我一定能够成为精英中的精英。"

　　英国一家电视台曾经做过一期题为《凌晨四点半》的专题节目，反映哈佛大学学子的学习生活。早在凌晨四点半时，哈佛大学的图书馆里就已经坐满了或凝神思考，或急促地翻阅书页、查阅资料，或认真做笔记的学子们。校园里几乎看不到华丽的衣饰，也没有谁在四处游荡，只有匆匆的脚步。即便是在学生餐厅里，也很难听到说话声，学生们往往一边吃东西一边看书或做笔记。对他们来说，餐厅只不过是哈佛正宗的100个图书馆之外的一个另类的图书馆。医院也一样，无论候诊室里有多少人，都只能听到学生们小声阅读或记录的声音。在哈佛大学，学习是不分白天和黑夜、课内和课外的。

也正因为比别人努力，所以在哈佛大学的毕业生之中诞生了八位总统、44位诺贝尔奖得主、30位普利策奖得主，还有不计其数的行业精英。

人们往往只注意到了哈佛人头顶上耀眼的光环，却忽视了他们付出了多少努力，流了多少汗水。事实上，哈佛大学并不是一个神话，而是一个证明，是人的意志、精神、胸怀、抱负的证明，更是坚定的信念、顽强的意志力、不折不扣的行动力的象征。它的教育目标，绝不只是让学生学到知识，更在于磨砺和教化学生，教给学生成功的方法。

虽然并非人人都有机会走进哈佛大学这座圣殿，但是每个青少年心里都一定要清楚，这一点并不重要，重要的是你如何选择自己前进的道路。青少年时期虽然短暂，但是也正是这短短几年之间产生的差异，对一个人的未来具有不可估量的作用。这段成长路，你可以选择走曲线，也可以走直线。不过，如果你想拥有一个美好的未来，那么从现在开始，你就应该学习哈佛学子从平凡到非凡的转变法则，用哈佛学子的方式成长。只要具备了"哈佛素质"，那么无论身处世界的哪个角落，你都有机会脱颖而出。

本书以哈佛人所具备的素质为着眼点，注重培养青少年优秀的品质、坚强的意志和良好的学习、生活习惯，能够让青少年从中体会到战胜困难、挑战失败、勇敢前进的喜悦，有助于青少年逐步具备"哈佛素质"，令青少年从失败走向成功，从平庸走向非凡。

目录

CONTENTS

第三章

靠自己，你是自己的"命运导师"

第四章

You are your own belief: 我相信，我一定能做到

第五章

情商——哈佛卓越人生的核心竞争力

第六章

积极乐观——好心态赢得好未来

第七章

每一个哈佛人背后，都有一个出色的团队

第八章

永远坐在前排：让优秀成为一种习惯

第九章

这些品质，帮助哈佛学子迈向顶尖之路

第十章

坚持住，苦难总是伴随着价值

第十一章

让哈佛学子铭记一生的七句箴言

第一章　确定你的目标：十年之后你想成为谁

专注目标本身，成为你想成为的那个人

专注于目标的人就如同荆棘鸟，最后总能唱出绝美的歌谣。

——哈佛大学毕业的美国作家、哲学家　亨利·戴维·梭罗

在一次新生致辞中，哈佛大学前校长劳伦斯·H·萨默斯教授为了鼓励哈佛新生专注于自己的目标，说了这样一段话："你想成为什么样的人，就有机会成为那样的人。不过，只有始终紧盯着目标不放的人，才能得到命运的青睐。在实现目标的过程中，你们一定要经常用这句话来鼓励自己，直到它变成你生命的一部分为止。因此，你们一定要让自己的目光专注于目标本身，并把全部的精力贯彻到行动当中，不断地激励自己朝着目标前进，而不能有丝毫的松懈，也不要浪费一丝精力在自我怀疑上，更不要因为任何原因灰心失望。如果你们这么做了，将会发现那些阻挡在目标前方的犹豫都将烟消云散，你们也在不知不觉中成了自己想成为的那个人。"

接着，萨默斯教授给新生们讲了弗拉伦兹·恰克的故事。

弗拉伦兹·恰克于 1952 年 7 月 4 日在浓雾当中走下加利福尼亚以西 20 海里的卡塔标纳岛，向加州游去，想成为第一个横渡这个海峡的女人。

当时雾很大，她甚至看不见领航的船只，海水冻得她浑身都麻木了，

海中还有鲨鱼在时刻威胁着她。15个小时过去了，她觉得自己再也坚持不下去了，就想到了放弃。她的母亲和教练在另一条船上，他们都告诉她海岸就在前方，叫她不要放弃。她向前方望去，发现除了浓雾什么也看不到，于是她坚决地放弃了。

到了岸上之后，她渐渐地觉得暖和起来了。这时她才发现，人们拉她上船的地点，离加州海岸只有半英里。

后来，她不无懊悔地对记者说："说实在的，我不是为自己找借口，如果当时我能看见陆地，也许我还可以坚持下去。"

其实，令她功亏一篑的不是疲劳，也不是寒冷，而是她在浓雾中看不清目标。在弗拉伦兹·恰克的一生当中，只有这一次没有坚持到底。

两个月后，她成功地游过了同一海峡。

如果弗拉伦兹·恰克始终坚信自己可以横渡英吉利海峡，不为外界的环境所动摇，或许她就不会在与成功近在咫尺的时候放弃了。不断地自我怀疑和犹豫，不但会增加你的阻力，还会让你一时忘记甚至丢掉自己的目标，迷失在前进的道路上。

萨默斯教授讲完这个故事，告诉哈佛大学的新生们：要想实现目标，必须心无旁骛，盯紧自己的目标。

为了强调盯紧目标的重要性，他还举了"汽车大王"福特的例子。

当亨利·福特在底特律生产汽车并进行试车时，许多人都对他冷嘲热讽，说汽车是既昂贵又不实用的东西，谁会为了那个"会跑的铁盒子"掏腰包呢？

然而，福特丝毫不为所动，并且信心十足地预言："在不久的将来，汽车会跑遍整个地球。"现在看来，福特的预言已经成了事实。

在开发引擎时，福特面临着一个巨大的困难。他想制造一个八汽缸的引擎，可是当他向工程师们提出这一构想时，遭到了大家的一致反对。工程师们告诉他，根据理论，八汽缸引擎的制作是不可能的。

但是，福特坚信可行，他要求工程师们，不管花多少时间和代价，一定要开发出来。在福特的坚持下，工程师们不断地研究和试验，花了一年多的时间，终于完成了八汽缸V型引擎的制造。

从福特的经历中，萨默斯教授得出了这样的结论：一旦认准了一个目标，就不要因为别人的反对而犹疑不决，只要你的眼睛始终不离开目标，就能增加成功的可能性。

当你牢牢地盯住自己的目标时，你会惊奇地发现自己的干劲增强了，自信心不断提高，工作做得比过去更好，人际关系也朝着好的方向转变了。

在实现目标的过程中，如果你总是疑心重重，不妨从现在就开始改变，紧紧地盯住自己的目标，并尝试着忽略所有消极的想法和他人的嘲笑，保持锐意进取的姿态。时间一长，你就会发现你已经逐渐靠近了期待中的自己。

◎哈佛练习题

你能够紧紧地盯住自己的目标不放松吗？回答下面的问题，测试一下你的情况。

如果有一天，你可以选择一种其他动物的能力，附加在自己身上，你会选择以下哪一种？

A．如豹的敏捷与速度　　　　B．如大象的孔武有力

C．如海豚的悠游自在　　　　D．如老鹰的自由飞翔

答案解析：

选择A：你做事非常有计划，只要是自己设定的目标，就会按部就班

地执行到底，有着非常强的行动力。

选择 B：你是个乐于享受成功和荣耀的人。在你看来，人生的终极目标就是功成名就。为了达到这个目标，你会想尽办法出人头地，甚至会做出损人利己的事。

选择 C：在你的人生蓝图中，功名利禄并不重要，它们充其量只是你生命的附加物。你最渴求的就是拥有一个辽阔自由的舞台，能够充分发挥自己的特长，不断地丰富自我的人生与阅历。你喜欢的是生命的不断流动，是一个对无法预知的生命充满期待和好奇的人。

选择 D：你是个喜欢见证自我成长的修行者。相对于在人群中享受热闹，你更喜欢独处，这会让你感到内心深处的宁静。

没有目标的人，如同船没有舵

向着星辰，脚踏实地。

——哈佛大学毕业的美国第 26 任总统　西奥多·罗斯福

塞缪尔·斯迈尔斯博士是哈佛大学的心理学教授，他虽然已经年近 70 岁，却依然保有一颗年轻的心。在接受一个年轻人采访时，他道出了他保持"年轻"的秘密——树立目标。

"很多年以前，我遇到过一个中国老人。"斯迈尔斯博士缓缓地说，"当时正值二战时期，我被关在远东地区的俘虏集中营里。那里的情况很糟，简直无法忍受，食物短缺，没有干净的水，目力所及全是患痢疾、疟疾等疾病的人。炎热的天气使得有些战俘根本无法忍受身体和心理上的折磨，对他们来说，死亡已经变成了一种解脱。我自己也想过一死了之，但是有一天，出现了一个中国老人，他的出现使我重新生出了求生的意念。"

年轻人被斯迈尔斯博士的讲述深深地打动了。

斯迈尔斯博士说："那天，我坐在囚犯放风的广场上，身心俱疲。我心里想，爬上通了电的围篱自杀，是多么容易的一件事啊。想到这里，我才突然发现我旁边坐了一个中国老人。当时我太虚弱了，恍惚中还以为是自己的幻觉呢，毕竟那儿是日本的战俘集中营区，里面怎么可能会出现中国人呢？就在这时，这位中国老人转过头来，问了我一个问题，一个非常简单的问题，却救了我的命。"

年轻人马上提出自己的疑惑："什么样的问题能够救人一命呢？"

"他问的问题是：'你从这里出去之后，第一件想做的事情是什么？'我从来都没有想过这个问题，也不敢想，但是我心里立刻有了答案：再看看我的太太和孩子们。想到这一点时，我突然间认为自己必须活下去，因为这件事值得我活着回去做。这个问题救了我一命，因为它给了我一个我已经失去的东西——活下去的理由！从那时起，活下去变得不再那么困难了，因为我知道，我多活一天，就离战争结束近一天，也离我的梦想近一点。"斯迈尔斯博士继续说，"中国老人的问题不止救了我的命，还教会了我从来没有学过却是最重要的一课。"

"是什么？"年轻人问。

"目标的力量。"

"目标？"

"是的，目标、企图、值得奋斗的事。目标让我们的生活有了方向和意义。当然了，我们也可以没有目标地活着，但是要真正地活着、快乐地活着，就必须有目标。伟大的思想家爱默生曾说过：'没有目标，日子便会像碎片般消失。'"

在一个人的一生当中，目标的确扮演着非常重要的角色。它是一种持久的热望，是一种深藏于心底的潜意识，能够长时间地调动一个人的心力和创造激情。一旦拥有这种热望，人们就会产生一种原子能般的动力。一想到它，人们就会为之奋力拼搏，就会尽力完善自我，即便遇到艰难险阻，也决然不会轻易地将"不"字说出口。为了实现目标，人们会勇敢地超越自我，跨越障碍，努力闯出属于自己的一片天。那些拥有明确目标的人，往往离成功也很近。每一天的努力，都让他们离目标更近一点，只要有合适的机遇，他们就能在平庸的人群中崭露头角。而那些没有目标的人则不同，他们每天只不过是机械地重复过去的生活，得过且过，还经常把抱怨挂在嘴边。

采访结束后，塞缪尔·斯迈尔斯博士给这个年轻人讲述了哈佛大学在1953 年所做的一项调查。

1953 年，哈佛大学的一些教授选择了一群在智力、学历、环境等方面都相差无几的学生，对他们进行了一次有关人生目标的调查，想了解一下目标对一个人的影响。调查结果表明：27% 的人没有目标，60% 的人目标模糊，10% 的人有明确的短期目标，3% 的人有明确的长远目标。

25 年后，哈佛大学对这些学生进行了跟踪调查，调查结果如下：

3% 有明确且长远目标的人，一直朝着同一个方向努力，后来全都成为社会各界的顶级成功人士，其中不乏白手创业者、行业领袖、社会精英；

10% 有明确的短期目标的人，他们一般都有一份不错的工作，像医生、律师、公司高级管理人员等，属于社会的上层人士；

60% 目标模糊的人，他们生活在社会的中下层，虽然能够安稳生活，却未取得什么成就。

27% 没有目标的人，他们生活在社会底层，经常面临失业的窘境，生活很不如意，家庭生活也不幸福，总是抱怨社会和他人。

说完这些，塞缪尔·斯迈尔斯博士不禁感慨万分："一个人真正的人生之旅是从设定目标的那一天开始的。只有设定了目标，人生才有真实的意义。"

塞缪尔·斯迈尔斯博士告诉那个年轻人："一个没有目标、志向和理想的人，就像一艘没有舵的船，遇到的风都是逆风，永远漂浮不定。"

在做一件事情时，有些青少年朋友不但没有给自己树立一个目标，还对自己说："我根本做不到。"结果真的没有做到。如果你相信自己，并且一开始就给自己设定一个目标，那么做起来就容易得多。

从现在开始，不要再说"我做不到"，只管大胆地设定一个目标，然后朝着目标前进就可以了。

◎**哈佛练习题**

你是整天安于现状，得过且过，还是拥有明确的目标？回答下面这个问题，测试一下你是不是一个有理想的人。

请想象一个画面，路边有小花、蜻蜓，天空有小鸟，远方有飞机飞过，如果要画上地平线，你会画在哪儿呢？

A. 飞机和鸟之间　　　B. 鸟和蜻蜓之间　　　C. 最低位置

答案解析：

选择 A：你的眼界比较低，人生追求也不高。但是，如果从另一方面来看的话，你又是一个非常注重实际的人，能够脚踏实地地生活。

选择 B：你是个随遇而安的人，没有一丝变化的生活你也能心满意足地度过。

选择 C：你是个理想主义者，也属于艺术家类型的人。为了梦想你可以抛弃生活的安逸，是一个十足的追梦人。

有方向要坚定，没方向要试行

人，全都是为"发现"而航行的探寻者。
——哈佛大学毕业的美国思想家、文学家　拉尔夫·沃尔多·爱默生

在一堂有关如何追寻目标的必修课上，哈佛大学行为动机学教授比克力讲述了他的朋友卡迪和迈克的航海故事。

卡迪和迈克都是航海爱好者。有一次，他们俩准备了一些水和食物，又一次踏上了航程。不过，就在距离目的地还有一半的路程时，船上的导航仪失灵了。由于他们准备得不够充分，水和食物都不富余，连航海图都没有带，所以卡迪就生出了原路返回的念头。迈克却不同意这么做，他凭借自己丰富的经验，认为即便没有导航工具他们也能到达目的地。经过一番商议，他们俩最终一致决定继续航行，并选择了两条最有可能到达目的地的线路。迈克认为，只需要顺着这两条线路各走三分之一的路程，就能知道他们所选择的道路是不是正确的。于是，他们就试着这么做了，最后果然在水和食物消耗完以前顺利地到达了目的地。

讲完朋友的经历，比克力教授说："一个人的一生是以目标作为驱动力的，在人生的竞技场上，一个人无论多么优秀、素质多么好，都必须制定一个明确的目标，而后以坚定的姿态去实现这个目标，不管你在这个过程中遭遇的

是狂风还是暴雨。当然，谁都不能保证，在人生的最初你就拥有愿意为之献身的明确目标，也许会有短暂的迷茫，一时不知道自己适合做什么，哪一条路适合自己，这就需要我们通过多次的摸索不断地尝试，直到找到既切实可行又适合自己的道路为止。这正是我讲述朋友的经历想要传达的意思。"

为了进一步阐释自己的理念，比克力又向学生们讲述了哈佛大学迄今为止唯一的女校长德鲁·吉尔平·福斯特的事迹。

德鲁·吉尔平·福斯特不但是一位女校长，还是一名历史学家，善于用历史的眼光看待现实。她认为，当今世界处在不断的变化之中，高等教育也必须适应这种变化。

她说："人们目前所面临的选择，是怎样去定义成功才能使它具有或包含真正的幸福，而不仅仅是金钱和荣誉。有些人担心，报酬最丰厚的选择也许并不是最有价值的和最令人满意的。还有一些年轻人担心，如果成为一个艺术家或一个演员，一个人民公仆或一个中学老师，应该怎样生存下去。然而，人们可曾想过，如果你的梦想是在新闻界有一番成就，那么你怎样才能找到那条通往梦想的道路呢？

"答案是：'如果不试一下，你就永远都不会知道。'如果不去追求你认为最有价值的事，你终将后悔。人生路漫漫，你总有时间去给自己留'后路'，但可别一开始就走'后路'。"

比克力教授跟福斯特校长有着深厚的交情，他非常了解福斯特的人生经历，曾经多次把她的故事当作范例讲给学生们听。比克力教授认为，福斯特校长之所以能取得卓越的成就，一方面是她了解自己所要追求的是什么；另一方面，福斯特校长敢于尝试和探索，她能够成为哈佛大学唯一的一位女校长，其中一个原因也正在于此。

其实，许多成就非凡的人也并不都是一开始就有明确的人生方向。比如英国诗人华兹华斯，他也曾经历过人生的彷徨。刚上大学时，他经常为了未来的生计感到恐惧，所幸他并没有自暴自弃，而是不停地读书、写作，与有见地的人交谈，试图找到自己的理想。终于，在一个夏日午后，他写出了《咏水仙》这篇一鸣惊人的作品。

还有那些孩子，他们在看到别人走路、交谈、读书、唱歌、骑车时，也往往会下意识地决定将来一定要学会这些本领。虽然这种决心并非刻意而为，但是从某种意义上说，它已经算是对目标的一种尝试。只要孩子们多次进行这种尝试，就不难如愿以偿地学会他们渴望学到的本领。

而有些人则不同，他们既没有方向，又不敢冒险，只是盲目地走上了一条看似平坦的路，最终在平庸之中度过了一生。

人生的目标因人而异，各有不同，但是无论如何，你都必须试着确立一个属于自己的目标，并为实现它而矢志不移地前行，而不能总是漫无目的地四处徘徊。《荷马史诗》中有这样一句至理名言："没有比漫无目的地徘徊更令人无法忍受的事了。"很多人做着毫无方向的事情，过着漫无目的的生活，他们是注定要失败的。

正如比克力教授不止一次地提醒他的学生："如果你已经确定了目标，就坚定地走下去，不要放弃；如果还没有确定，就不断地摸索、尝试，直到找到适合自己的人生方向为止。在试行的过程中，或许会出错，或许会失望，但是只要你始终不放弃努力，在确定目标之后还能将这股执着坚持到底，就一定能收获丰硕的成功之果。"

◎ 哈佛练习题

在无法弄清前进方向的情况下，你是否热衷于冒险？做一做下面这些练习题你就知道了。本测试共有 30 个题目，请用"是"或"否"作答，并在 15 分钟之内完成。

1. 对你来说，平平淡淡的生活缺乏乐趣？

2. 你喜欢从开快车中寻求刺激？

3. 你经常觉得现代人过于担心未来，因此失掉了更多时间，并觉得这样很没必要？

4. 每晚睡前，你都会仔细检查门窗关闭情况？

5. 你热心于定期储蓄胜于活期存款？

6. 你经常发现，当同伴还在原地左顾右盼时，你已经跑到了马路对面？

7. 你喜欢自己身边的环境发生改变，甚至喜欢尝试存在危险的工作？

8. 你觉得吸烟对身体有害的说法有些耸人听闻，并对此不以为然？

9. 你很高兴参加登山、游泳等运动型的竞技活动？

10. 尽管你几乎没有中过奖，但是依然参与买彩票等撞大运的事？

11. 你只有在得到了一份新聘书之后才可能放弃原来的工作？

12. 在人生地不熟的环境中，你行事是否更为小心？

13. 你乐于尝试任何新生事物？

14. 买东西时，你总是很留意所购物品的保修凭证和说明书？

15. 你很热衷于探险并从中体会到了快乐？

16. 你很关注自己的身体，每年都会去医院做一次全身体检？

17. 你离家在外时总是小心谨慎，生怕出意外？

18. 你喜欢和别人打赌？

19. 你觉得冒险的生活能使平淡的人生丰富多彩？

20. 在借了别人的东西之后，你觉得心里总像压了一块大石头？

21. 向别人借物品会令你不安？

22. 你认为五六岁的小朋友学会自己在马路上行走是必要的？

23. 你经常掐着时间到达车站或机场？

24. 在与别人签订协议时，你总是会仔细阅读其中的条款、注意事项？

25. 在乘交通工具出门旅行时，你总爱挑选一个自认为最保险的座位？

26. 你只会选择在安全的环境下滑冰？

27. 在从事蹦极、攀岩等活动时，你总是很仔细地检查自己的装备？

28. 每次远行，你都要仔细留意一下所带的物品，生怕少点什么？

29. 出席重要活动时，你总会让自己提前至少 20 分钟到场？

30. 你认为健全社会保障体系是非常必要的？

答案解析：

评分标准：第 1 ～ 3、5 ～ 10、13、15、19、22、23 题选"是"的记 1 分，选"否"得 0 分；第 4、11、12、14、16、17、18、20、21、24 ～ 30 题选"否"记 1 分，选"是"记 0 分。计算出总分，与测试结果相对照。

测试结果：

15 分以上：你富于冒险精神，乐于尝试，并能从中获取快乐，成功的机会也更多。

15 分及 15 分以下：相对而言，你喜欢脚踏实地的感觉，倾向于过平静、安全的生活。

单凭天分不够，更要坚定信念

我知道自己想要走的路。

——毕业于哈佛大学的美国演员　娜塔莉·波特曼

哈佛大学文理学院的马尔登教授经常这样教导他的学生们："如果说成功是每一个追求者的热烈企盼和向往，那么目标就是获得成功的基石。

一个人要想成就一番事业，必须有一个明确的目标。在实现目标的过程中，遇到艰难险阻是常有的事，所以目标明确固然重要，但是坚定的立场和信仰更重要，它们是支撑我们不断前进的动力。只有锁定目标不动摇，并且坚定自己的信仰，才能抵御外界事物的干扰，发掘出自己深藏的潜力，将目标变成现实；相反的，如果信仰不坚定，一遇挫折便放弃既定目标，甚至连目标都没有，就难以积极地行动起来，自然也难以取得什么成就。"

为了让学生们真切地体会到他话中的深意，马尔登教授在一次有关"目标和信仰"的演讲中讲述了他的朋友戈德的亲身经历。

戈德15岁时，偶然地听到年迈的祖母非常感慨地说："我这一生没什么目标，如果我年轻时能多尝试一些事情就好了。"

戈德暗下决心，决不让自己到老了还有无法挽回的遗憾。他立刻坐下来，详细地列出了自己一生要做的事情，并称之为"约翰·戈德的目标清单"。

他总共写下了127项详细明确的目标，其中包括10条想要探险的河流、17座想要征服的高山。他还想走遍每一个国家，再学会开飞机、骑马、弹钢琴、乘坐潜艇、读大英百科全书，甚至读完《圣经》，再读一读柏拉图、亚里士多德、狄更斯、莎士比亚等十多位大学问家的经典著作。当然了，还有非常重要的一项，那就是结婚生子。

身边的朋友嘲笑他，认为他不过是被热血冲昏了头脑，甚至认为他连这些目标的零头都无法完成。然而，戈德没有在意这些，他下定决心要实现清单上所有的目标。

从此以后，他每天都把这份"目标清单"看上几遍，直到把它牢牢记在心里，倒背如流。在实现目标的过程中，他也像其他渴望达成自己目标的人一样遇到了很多困难和挫折，但是他始终没有动摇，他坚信自己一定能够达成那些目标。在前一个目标没有完成的时候，戈德从不着手为下一个目标做准备，他的每一天都在充实中度过。

戈德的这些目标，即使在半个多世纪后的今天来看，仍然是壮丽而又不可企及的。那么，他究竟完成得怎么样呢？在戈德去世的时候，他已环游世界4次，实现了103项目标。他以一生来述说人生的精彩和成就，照亮了世界上更多人心中的梦想。

"在座的各位，你们是否也像戈德一样，一旦确立了自己的目标，就坚定不移地守护着它，直到通过不懈的努力把它变成现实的那一刻为止呢？"讲完这个故事以后，马尔登教授向学生们提出了这样一个问题。台下忽然变得格外安静。

马尔登教授继续强调："无论前方有多少艰难险阻，那些成功者都能坚定自己的信仰，朝着既定目标坚定不移地前进，直至到达目的地。你们也应该如此，在遇到阻力时，你们也要锁定目标，坚定信仰，以坚忍不拔的意志披荆斩棘前行。"

透过马尔登教授的话，我们可以看出锁定目标和坚定信仰的重要性。锁定目标能够让我们心无旁骛地朝着目标前进，坚定信仰可以使我们始终充满斗志。尤其是信仰，它对目标的实现具有非常重大的意义。甚至可以说，在实现目标的过程中，没有任何东西可以取代信仰。

一般来说，人们都能够忍受暂时的困难、短暂的痛苦，但是当希望渺茫而又伴随着旷日持久的痛苦时，只有拥有坚定信仰的人才能坚持到最后。在信仰的持续推动下，人能够始终处于一种昂扬激奋的状态之中，去积极地创造，并全神贯注地投入其中，向着美好的未来挺进。成功学大师戴尔·卡耐基指出："世界上大部分的重大事情，都是由那些在似乎一点希望也没有时，仍继续努力的人们所完成的。"

麦当劳连锁快餐的韦尔斯也曾讲过关于信仰的话，他说："只凭天分是不能够取得成功的，这世上怀才不遇的人多得是。教育也并不能够取代毅力和忍耐力，在今日的社会中，不是有很多自暴自弃的读书人吗？只有锁定目标，坚定信仰，才能拨云见日，取得最后的成功。"

在教学生涯中，马尔登教授也见到过许多目标明确、聪明绝顶却在实现目标的途中放弃努力的"天才"学生，对于他们，他深感惋惜。

因此，马尔登教授告诫他的学生们："一个人要想成功，首先在于他要有一个目标，并把它内化成一种信仰，然后坚定不移地去实现它。为了鼓励自己继续前进，你们可以想象一下克服阻力时所能感受到的快乐……只要积极投身于实现目标的具体实践中，你就能坚持到底。"希望这句话可以给那些想要取得成功的学子一些启发。

◎ 哈佛练习题

在确立目标之后，你能坚定地朝着它前进，而不会改变初衷吗？回答下面的问题，自我测试一下。

你住在二楼左侧的房子里，某一天，你要出门去倒垃圾，你的左边是一个窗子，而楼上和楼下都各有一个垃圾道，在二楼的最右边也有一个垃圾道，在下列做法中你会选择（　　）。

A. 从自己所在的位置一直向右走，去那里倒垃圾

B. 上楼到上面那个垃圾道去倒垃圾

C. 下楼到下面那个垃圾道去倒垃圾

D. 直接从身边的窗口爬出去倒垃圾（从那里可以直接到达垃圾道）

E. 从窗口倒出去

答案解析：

选择A：你现在很可能对现状非常满意，你不喜欢波动，而喜欢平平淡淡的生活。你希望自己喜欢的现状能够永远维持下去，就算不前进都无所谓。

选择B：你对目标非常执着，进取心很强，无论是在工作还是学习上都喜欢得到好的名次，是个非常上进且不达目的不罢休的人。

选择 C：你在目标方面显得比较懒散，总是希望自己可以省些力气，却不考虑以后还要从头再来。你也可能觉得生活不应该背负太多负担，只想轻松地享受人生。

选择 D：你实在是太喜欢追求刺激了，普通的目标对你来说太过单调，你总是设定很高的目标，希望自己的生活和学习时刻都能保持新鲜感，但遗憾的是，你不一定能够坚定地朝着目标前进。

选择 E：你对目标的执着需要培养，或许你眼下正处于生命的困境之中，这很可能是因为你个人意志品质不够坚韧的缘故。

学会分解目标，成就十年之后的优秀

很多人打球的动机是金钱、女孩子和(明星的)生活方式……我也是人，我也经常被世俗所诱惑，但我知道我打球不是为这些。

——哈佛大学毕业的美国职业篮球运动员　林书豪

哈佛大学海瑟尔教授曾经提出这样一个奇怪的现象：在面对一个巨大的目标时，我们内心产生的往往并不是强大的动力，而是很强的畏惧心和压力。事实的确如此，有时候，一个宏伟的目标就像一块巨石，压得我们喘不过气来，让我们开始怀疑自己的能力，甚至使我们生出放弃的念头。

其实，只要我们学会把看似庞大的目标分解成若干个小目标，并且逐个实现它们，就会轻松许多，因为实现小目标的过程是积累成就感的过程，能够令我们生出朝下一个目标前进的动力。学会分解目标不仅是人生的智慧，也是实现理想的秘诀之一。只有那些懂得分解目标的人才能在人群中脱颖而出，做十年后最优秀的人物。

海瑟尔教授非常欣赏日本马拉松选手山田本一，为了让学生们意识到分解目标的巨大作用，他对学生们讲述了山田本一参加东京国际马拉松邀请赛的经历。

在1984年东京国际马拉松邀请赛中，名不见经传的山田本一与众多参赛选手一起站在起跑线上，其中不乏世界闻名的长跑选手，可比赛结束之后，他出人意料地夺得了世界冠军。

记者问他是如何取胜的，他只说了一句话："我是用智慧战胜对手的。"当时，很多人都认为山田本一是在故弄玄虚，毕竟马拉松是主要凭借体力和耐力取胜的一种运动，爆发力和速度都在其次，只要选手的身体素质好、耐力够，就有成为冠军的希望；至于智慧，对马拉松比赛来说好像根本就是多余的。所以，许多人都认为山田本一的说法实在有些勉强。

两年后，意大利国际马拉松邀请赛在意大利北部城市米兰举行。山田本一代表日本参加比赛，并且再度获得了世界冠军。面对山田本一时，记者又问及他获胜的关键。性情木讷的山田本一不善言辞，所以这次的回答还是和上次一样："用智慧。"这一次，记者们并没有在报纸上挖苦他，只是仍然对他所谓智慧的说法一头雾水。

十年后，山田本一在他的自传中明白地解释了他的"智慧"："每次比赛前，我都会先把比赛路线仔细看一遍，并且把沿途比较醒目的标志记下来。比如，第一个标志是银行，第二个标志是一棵大树，第三个标志是一座红房子……就这样一直记到赛程的终点。

"等到真正比赛时，我会奋力地向第一个目标冲刺，在到达第一个目标后，再用同样的速度跑向第二个目标……只要把大目标分解成一个个小目标，不管多远的赛程，都可以轻松地跑完。

"刚开始时，我不明白这个道理，把目标定在了终点，结果跑不到十几公里便疲惫不堪，被前面遥远的路程给吓倒了。"

山田本一说得没错，许多心理学家也通过实验证实了他的话，并得出了这样的结论：当目标被分解时，人们能够不断地把自己的行动和目标进行对比，在意识到自己可以轻易地缩短与目标之间的差距时，人们的行为动机就会得到维持和加强，促使人们自觉地克服一切困难，努力达到目标。

确实，要达到目标，就要把大目标分解成多个易于实现的小目标，就像上楼梯要一步一个台阶一样。每前进一步，达到一个小目标，就会体验到成功的喜悦，这种喜悦将推动人们充分调动自己的力量，积极地奔向下一个目标。

许多哈佛毕业的成功人士，都把"目标"当作自己重要的成功秘诀。不过，只有目标还不够，还需要把它分解成小目标，然后一个个地实现它们。也只有像这样分解大目标，我们才能始终以不变的斗志和进取心面对一个又一个挑战，最终轻而易举地获胜。

在一项针对2000名学生的跟踪调查中，海瑟尔教授发现，那些将大目标分解为几个小目标的人，目标的实现程度更高。因此我们在制定目标的时候，可以借助"分解法"使目标更具操作性。

第一步，将目标具体化。如果只是笼统地说"我想上大学"，这是没有用的，一定要树立"我要考上哈佛大学"这样明确的目标，然后将目标分解。比如，把五年目标分成五份，变成五个一年目标，这样你就可以确切地知道从现在到明年此刻你必须完成的学习任务了。

第二步，将每年的目标分成12份。进一步细分每年的目标，这样你就能更清楚地了解从现在到下月此时你应该完成什么任务了。

第三步，将每月的目标分成四份。这样你就可以知道下一星期你应该做什么了。

第四步，将每周的目标分成五～七份。用哪个数字划分，完全取决于你打算每周几天用来学习、几天用来娱乐。如果喜欢一周学习七天，则分成七份。如果认为五天就足够了，也可以分成五份。

把每年、每月乃至每周的目标都清清楚楚地列出来，不但使目标变得具体、可行，还能督促你锁定目标，全力以赴地完成它。除此之外，分解目标还可以减轻你因为茫然而产生的烦躁。每天都按照这个步骤行事，年复一年地坚持下去，还有什么事是你做不成的呢？

海瑟尔教授曾经多次向他的学生们指出，确立了目标并且懂得将目标进行分解的人，才能更好地坚持下去，将心中的蓝图变成实实在在的足迹。

渴望成功的莘莘学子，如果你们想成为十年之后的优秀人士，那么现在就行动起来，将目标细化，然后逐个去实现它们吧。

◎哈佛练习题

确立目标之后，你是否能够一步步地实现自己的目标？你具有这种行动力吗？请根据你的实际情况在下面这些题目后面的"是"或"否"上画"√"，自我测试一下。

1. 为了实现目标，我会全力以赴。（是　否）

2. 一旦事情考虑成熟，我会马上付诸行动。（是　否）

3. 我很同意"只要功夫深，铁杵磨成针"。（是　否）

4. 我一直能够得到周围很多人的帮助。（是　否）

5. 我经常盼望机遇的到来。（是　否）

6. 失败再多次我也不气馁。（是　否）

7. 我认为我实现目标的愿望比一般人更强烈。（是　否）

8. 我一直信赖那些喜欢与别人合作的人。（是　否）

9. 即使是在大脑中一闪而过的计划，我也会努力去实现它。（是　否）

10. 我制订的方案通常操作性很强，而且周密、详细。（是　否）

11. 我认准的事一定要坚持到底。（是　否）

12. 我有这样的自信，只要我去做便一定能成功。（是　否）

13. 我在工作中能集中精力，并且持续很长时间。（是　否）

14. 对于要做的事，我会一件一件地完成。（是　否）

15. 我认为，与坐下来思考相比，更重要的是行动。（是　否）

答案解析：

评分标准：选"是"记1分，选"否"记0分。将各题的分数相加，计算出总分数。

测试结果：

12分以上：你行动力超群，而且谦虚好学、自信心十足，渴望取得巨大的成就。

6～11分：你行动力一般，总是根据自己的好恶来确定自己的行动，因此表现不稳定。

5分以下：你行动力较差，遇事总抱着等等看的心理，过于消极。因为害怕失败，所以谨小慎微，错过了许多良机。要注意培养做事果断的能力。

设定好路线，然后烧掉地图

哥伦布能够发现新大陆，凭借的是信念和不懈的探索，而不是航海图。

——哈佛大学教授、西班牙哲学家　乔治·桑塔亚纳

曾经就读于哈佛大学文理学院的杰瑞·霍夫曼先生，曾以出版界名

人的身份被邀请到哈佛大学，给学生们做了一场主题为"沿着路线向目标迈进"的演讲。在演讲过程中，这位成功人士说起了他小时候的一段经历。

小学六年级的时候，有一次考试我得了第一名，老师奖励了我一本世界地图。我很高兴，一跑回家就一边烧洗澡水一边看这本世界地图。

埃及有金字塔，有尼罗河，有法老，还有很多神秘的东西。我心想，等我长大了，一定要去埃及。可是，就在我正看得入神的时候，突然有个人从浴室冲出来，大声地对我说："你在干什么？"我抬头一看，原来是爸爸，就说："我在看地图！"爸爸听了，"啪啪"给了我两个耳光，生气地说："看什么地图！火都熄了，赶紧生火！"接着，又朝我的屁股踢了一脚，表情严肃地说："我跟你保证！你这辈子都不可能到那么遥远的地方去！赶紧生火！"

我呆呆地看着爸爸，心想："爸爸怎么会给我这么奇怪的保证呢？难道我这一生真的不可能去埃及吗？"

20年后，我第一次出国就去了埃及。当时，我的朋友都问我："为什么要去埃及？"我说，"因为我的生命不要被保证。"

到了埃及，我来到金字塔前面的台阶上，在一张明信片上写道："亲爱的爸爸，我现在在埃及的金字塔前面给你写信。记得小时候，你打我两个耳光，踢我一脚，保证我不可能到这么远的地方来，可我现在就坐在这里给你写信。"

写这些话的时候，我内心百感交集。

我爸爸收到明信片时，对我妈妈说："哦！这是哪一次打的，怎么那么有效？竟然一脚把他踢到埃及去了。"

杰瑞·霍夫曼先生说，他之所以能够取得如今的成就，就是因为他不愿意被别人"保证"，而是渴望不断地超越自己。为此，他确立了一个明确的目标——到埃及。从此以后，他就有了前进的方向，知道了自己的人生道路应该怎么走、最终要到达哪个目的地。多年之后，虽然那份世界地图早已残破不堪，但是他始终记得自己当初设定的行动路线。通过不懈的努力和坚持，他最终把梦想变成了现实。

讲完自己的这段经历，杰瑞·霍夫曼先生说，一个人制订什么样的人生计划、选择什么样的生活道路，也就是在设计自己的人生道路应该向什么方向走、怎么走，那些在某一领域取得了一定成就的人，往往都能自觉地按照自己设定的路线探索前行，不断地扩展、冶炼、筛选他们对世界的理解，所以他们往往更容易成功，他们的人生也更丰富多彩。

每个人都可以拥有自己的梦想。为了实现它，我们不妨为自己描绘一张行动地图，并设定一条切实可行的路线，然后沿着这条路线不断前进。为了不给自己留后路，让自己义无反顾地朝着目标进发，最好能够牢记到达目的地的路线，然后烧掉"地图"。只要心中有目标、有前进的路线，即便没有了"地图"，我们也不会感到迷茫，反而能够不顾一切地到达一个又一个高峰。当我们一步一个脚印地靠近目标时，成就感会使我们更加信心百倍地前进。

◎哈佛练习题

做做这道测试题，看一看你是否能够沿着既定路线前进，并且不达目的不罢休。

你喜欢把手机放在什么地方？

A. 喜欢把手机放在上衣口袋里　　B. 喜欢把手机握在手中

C. 喜欢把手机悬挂在腰间　　　　D. 喜欢把手机放在裤子的后口袋里

E. 喜欢把手机放在看不到的地方　F. 经常忘记把手机带在身边

答案解析：

选择 A：你为人脚踏实地，做事不紧不慢，会尽一切努力让生活朝着预定的目标前进，是一个成熟、稳重的人。

选择 B：你对生活有极高的热情，不到万不得已的时候是不会去休息的，是一个热情、能干的人。

选择 C：喜欢把手机挂在腰带前方，表示你对事物有独特的看法，对生活的态度是坦率而真诚的；喜欢把手机挂在腰带后方，表示你很有创意，只是可能喜欢凡事留一手，不将事情完全说清楚。

选择 D：这样的你温和、友善，但同时也带着强烈的戒备心，有一些不希望别人知道的小秘密，会令你身边的人觉得你难以靠近。

选择 E：所谓看不到的地方，就是将手机放在背包或者公文包里。这样的你做事一定深思熟虑、胸有成竹，对自己的要求很高，自尊心很强，举止优雅，待人亲和却很少采取主动。

选择 F：你整天处于迷糊状态，没有生活目标，不过是个乐天派，而且为人和蔼可亲，喜欢广交朋友，属于人们常说的"没心没肺"的那种人。

第二章　哈佛优等生的经验——勤奋是通往成功的捷径

勤奋，是成功的资本

人类最忠实的朋友之一，就是我们的双手，因为再困难的事到了它那儿也得乖乖就擒。

——哈佛大学毕业的美国作家、哲学家　亨利·戴维·梭罗

在哈佛大学图书馆的墙上，写着这样一句发人深省的话："只有比别人更早、更勤奋，才能品尝到成功的滋味。"虽然这句话人人都懂，但是真正能够做到的人并不多。许多人虽然天赋异禀，眼睛里还闪烁着智慧的光芒，看起来很有希望获得成功，可是最终多半默默无闻。为什么呢？原因就在于他们缺乏勤奋精神。

勤奋精神会促使一个人积累知识、提升能力，从而帮助他改善现状，使他实现成功的梦想。据说，古罗马有两座圣殿，一座是勤奋圣殿，另一座是成功的象征——荣誉圣殿。在安排圣殿的位置时，古罗马人花费了一番心思，把勤奋圣殿安排在了荣誉圣殿前面，这么一来，人们要想到达荣誉圣殿，必须先经过勤奋圣殿才行。古罗马人如此安排，是想要告诉世人，勤奋是通往成功的必经之路。

哈佛的人生理论也告诉我们，空白的生命是僵死的、丑陋的，只有勤奋耕耘，才能让生命变得美丽起来。

由于出身贫寒，约翰·沃纳梅克接受教育和获取知识的机会都非常有

限。不过，这并没有让他自暴自弃，而是促使他变成了一个刻苦、勤奋的人。

起初，他在费城找了一份书店售货员的工作。工作地点离他家有四英里，他每天都徒步去上班。虽然每周只有20美元的报酬，但是他工作起来仍然非常认真，把柜台擦得干干净净，书籍整理得整整齐齐，而且时刻都微笑着面对每一位顾客。在工作之余，他还不忘从书中汲取知识的琼浆来充实自己。他这种勤奋刻苦的精神，令他身边的许多人都忍不住动容。

后来，他在一家制衣店找了一份工作，每周的报酬比以前多了20美元。他变得更加刻苦、勤奋了。

他就这样坚持了很多年，等到他40多岁的时候，他已经成长为一个颇有成就的商人了。

自身的劣势并不可怕，可怕的是缺乏勤奋精神。即便你知识丰富，但是你非常懒惰，不愿意勤勤恳恳、扎扎实实地学习和工作，你的才能和潜力就难以发挥出来，自然也就难以有所成就了。纵然你有黄金万两，但若一味贪图安逸，也会坐吃山空，唯有勤奋才能创造出永不枯竭的财富，它的价值远远超过黄金。除此之外，勤奋的人还往往充实、自信，时常能够感受到"幸福的疲倦"。而懒惰的人则不同，他们往往失落、萎靡，即便衣食无忧，他们也难以有幸福的体验。

作为未来充满无限可能的青少年，应该从哈佛大学图书馆墙上的那句话之中得到一些启示，明白勤奋对成功的重要性。即便你资质一般，没有什么优势，你也可以通过勤奋来弥补自身的不足，最终成就辉煌。

◎ **哈佛练习题**

做一做下面这几道题，测试一下你是否勤奋。

1. 如果你朋友剪了怪异的发型，却自认为很不错，询问你的意见时你会（ ）。

A. 委婉地告诉他："不错，但也许别的发型会更好看。"

B.　只是笑一笑，不发表意见

C.　假意夸奖　　　　　　　D.　直接告诉他这样不合适

2.　聚会上，大家都表现得无所事事，这时你会对他们说：（　）。

A.　"我们找点新玩意儿吧！"　　B.　"是不是有什么事，心情不好吗？"

C.　"我们还是走吧！"　　　　　　D　"你们这些人无聊得要命。"

3.　如果你和你的三个好朋友在一起，你知道谁最吸引人、最有异性缘吗？

A.　自己大概是不上不下吧　　B.　自己最有魅力

C.　总之自己是最没吸引力的　　D.　不清楚

4.　会议桌上，你发现在座的一个人衣领没翻好，而他本人却没有察觉，这时你会（　）。

A.　什么都不说　　　　　　B.　想办法提醒他

C.　担心他出丑　　　　　　D.　当成一个笑话告诉自己旁边的人

5.　有人要和你一起吃饭，可你身上的钱并不多，这时你会说：（　）。

A.　"我们平摊饭钱。"　　　　B.　"我手头缺钱。"

C.　"我请你吧！"　　　　　　D.　"好，不过你请客。"

6.　你买了双新鞋，周围的人都说不好看，你会（　）。

A.　去鞋店换一双其他式样的　　B.　少穿几次

C.　马上脱下，不再穿了　　　　D.　不介意批评，还穿你的

7.　你觉得什么样的小孩最可爱（　）。

A.　聪明活泼的　　　　　　B.　长得好看的

C.　别人家的　　　　　　　D.　自己家的

答案解析：

评分标准：选择 A 记 4 分，B 记 3 分，C 记 2 分，D 记 1 分。将各题的分数相加，计算出总分。

测试结果：

25 ~ 28 分：表明你一味专注于技巧，缺乏平常心和勤奋精神；

21 ~ 24 分：表明你缺少恒心和毅力，不够勤奋；

17 ~ 20 分：表明你很少把自己的想法付诸行动，甚至有些懒惰；

12 ~ 16 分：表明你不够乐观，而且容易自暴自弃。你可以通过勤奋来弥补这个缺点，让自己变得自信、快乐一点；

7 ~ 11 分：表明你个性马虎，对什么都不太在意。

以"痴迷"的状态去学习

我并没有什么成功的秘诀，只不过喜欢长期地、痴迷地做一件事而已。

——哈佛大学艺术与科学研究生院硕士 斯嘉丽·杰弗逊

曾经就读于哈佛大学的微软公司创始人比尔·盖茨，于 1995 年—2007 年连续 13 年排在福布斯全球富豪榜榜首，一时成为世人竞相谈论的对象。关于他的求学经历，哈佛大学的学子们几乎无人不知、无人不晓。他对学习的痴迷，更是令无数哈佛学子深有感触。

比尔·盖茨从小就喜欢读书，尤其热爱数学。12 岁那年，比尔·盖茨进入湖滨中学学习。入学不久，学校里几乎所有人都知道了他的名字。大家之所以会注意他，并不是因为他的聪明和爱"耍酷"，而是因为他的外貌。当时，他虽然已经 12 岁了，但是个头又矮又瘦又小，脑袋上还顶着黄黄的头发，更糟糕的是，他还长着一双与他身形极不相称的大脚，他的鞋子总是又大又长，所以他经常被人取笑。不过，虽然他的总成绩并不理想，他的数学成绩却始终名列前茅，所以渐渐地大家都不再嘲笑他了，反而赞叹他的聪明。

比尔·盖茨的数学成绩之所以好，除了他在数学方面有极高的天赋之外，还有一个原因，那就是他一直对数学有着浓厚的兴趣。由于喜欢数学，他把很多时间都花在了钻研数学上，甚至到了"痴迷"的地步，所以他的数学成绩在班里一直遥遥领先。

在数学老师保罗·斯托克林的指引下，比尔·盖茨开始接触计算机。当时，计算机还是新鲜事物，保罗·斯托克林对计算机知识的讲解也十分有限，可即便如此，像比尔·盖茨这样学有余力的学生还是对它充满了强烈的好奇心。他们整天挤在计算机室里，研究计算机这一新兴事物，练习着各种操作。与其他同学相比，比尔·盖茨的好奇心更加强烈，对计算机的兴趣也更加浓厚，他沉浸在对这个新奇领域的探索中，几乎天天都待在计算机室里，对着计算机出神地演练，直到被管理员赶走为止。在别人看来，他对计算机的痴迷近乎疯狂。在提起他时，他的一位同学曾经回忆说："他非常痴迷于计算机，甚至到了与计算机同呼吸共命运的地步，以至于他的指甲都长达半英寸了，他也顾不上修剪。"计算机程序设计跟数学一样，也要求有严密的逻辑思维能力。在数学方面的扎实功底，为比尔·盖茨开发和设计计算机程序打下了良好的基础。

1973 年夏天，18 岁的比尔·盖茨凭借优异的学习成绩获得了耶鲁大学、普林斯顿大学和哈佛大学三所名校的入学许可。经过一番权衡，比尔·盖茨选择了哈佛大学。进入哈佛大学之后，比尔·盖茨继续沉浸在学习的乐趣当中，努力钻研计算机知识，为第一台微型计算机 MITS Altair 开发了 BASIC 编程语言的一个版本。1975 年，比尔·盖茨放弃自己努力三年的学业，离开了哈佛大学，把全部精力投入到他跟好友保罗·艾伦一起创办的微软公司之中。在"计算机将成为每个家庭、每个办公室中最重要的工具"这一信念的引导下，他们开始为个人计算机开发软件。在他的领导下，微软公司持续地改进软件技术，使软件更易用、更省钱和更富于乐趣。比尔·盖茨的远见卓识以及他对个人计算机的先见之明，成为微软公司在软件产业获取成功的关键。

比尔·盖茨能够在计算机领域取得如此突出的成绩，无疑与他对数学的痴迷是分不开的，值得所有渴望有所成就的学子学习。

日本著名的实业家稻盛和夫认为："工作时应该保持恋爱时的精神状态，迷恋工作、热爱工作、拥抱工作。虽然这么辛劳、这么艰苦地工作在旁人看来非常可怕，简直令人无法忍受，根本无法坚持下去。但是只要你迷恋这个工作、热爱这个工作，你就能够承受，一切都不在话下。"

不仅工作要有这种"痴迷"劲儿，学习也一样。当一个人以"痴迷"的精神状态投入到学习中时，他的自发性、创造性、专注精神就会被激发出来，从而能够快速找到学习的着力点，并且变得敢闯、敢干、敢为人先，遇到困难不回避、不推诿、不气馁，敢于想办法去解决自己在求知过程中遇到的任何难题。

身为年轻人，要时刻保持这种"痴迷"的精神状态，把工作、学习和生活当成一种享受，更主动、深入地投入到工作、学习和生活中去，像比尔·盖茨一样成就辉煌的人生。

◎ **哈佛练习题**

测测你的学习习惯如何：下面是 28 道关于日常学习习惯和方法的测试题，请你根据自己的情况选择"是"或"否"。

1. 你每天是否提前做好上学的准备？
2. 你是否经常迟到？
3. 你每天的学习时间是否一定？
4. 你是否经常感到睡眠不足？
5. 你能否在规定的地点、时间进行学习？
6. 你的起床时间与就寝时间是否毫无规律？

7. 你是否拥有切实可行的学习计划？

8. 你的游玩时间是否经常挤占学习时间？

9. 你坐到桌子跟前时，是否能够迅速进入学习状态？

10. 学习时，同学邀你去玩，你是否欣然答应？

11. 除了运用公式、定理，你还深入探究它们是如何推导出来的吗？

12. 你对书中的观点、内容从来不怀疑和批评吗？

13. 你是否经常去图书馆或阅览室？

14. 你认为学习除了书本还是书本吗？

15. 遇到不明白的问题时，你是否有查阅字典、参考书的习惯？

16. 你是否一边看着电视或听着收音机，一边学习？

17. 你是否爱护教科书、参考书？

18. 你是否有拿着点心或饮料学习的陋习？

19. 上课或自习时，你能聚精会神、很少开小差吗？

20. 你是否不愿意学习弱科或不感兴趣的学科？

21. 你能否与同学互相学习、互相帮助？

22. 你是否不愿意在家里学习，而经常去同学家学习？

23. 你能见缝插针，利用点滴时间学习吗？

24. 当某一次考试成绩不好时，你是否总是挂念于心？

25. 考试时，你是否会仔细、工整地写出答案？

26. 考试后，你是否在听完老师的讲评之后就对试卷置之不理？

27. 受到老师表扬之后，你是否更喜欢学校生活，并对这位老师的课也兴趣倍增？

28. 在受到老师批评时，你是否因此而耿耿于怀、愁眉不展？

答案解析：

评分标准：奇数题选择"是"记 3 分，选择"否"记 0 分；偶数题选择"是"记0分，选择"否"记1分。将各题分数相加，计算出总分。

测试结果：

36分以上，说明你的学习习惯优良，甚至达到了"痴迷"于学习的地步，请继续保持；

27～35分，说明你学习习惯较好，只是有些地方还有待改善；

21～26分，说明你学习习惯一般，要注意养成更多的好习惯；

20分以下，说明你的学习习惯很差，需要改正。

驯服自己的懒散基因

娱乐是花，务实是根。如果要欣赏花的美丽，必须先加强根的牢固。

——哈佛大学毕业的美国思想家、文学家　拉尔夫·沃尔多·爱默生

每个哈佛学子都明白这样一个道理："去做一件事，不见得一定会取得成功；可如果连动手去做都不愿意，就一定没有机会成功！要想成功，必须驯服你的懒散基因，养成勤奋进取的好习惯。"

俗话说："人越待越懒，越吃越馋。"当懒惰已经发展成为一种习惯时，它就会像细菌一样在我们的生活中蔓延，使我们的人生弥漫着懒散的气息。一旦染上了懒散的恶习，生活就会变得举步维艰。毕业于哈佛大学的著名企业家罗里·安德森，曾经说过这样一句话："就像灰尘可以使铁生锈一样，懒散会吞噬一个人的心灵，轻而易举地毁掉一个人，乃至一个民族。"

懒散者往往难成大事，因为懒散会令人贪图安逸而不能自拔，进而埋

没人的才华，扼杀人的潜能。那些懒散的人，大多缺乏脚踏实地的实干精神，又害怕吃苦，不愿意用心做好一件事。像这样的人，怎么可能取得成功呢？

相比之下，那些成大事者就不同了，他们相信"勤奋是金"，并认为要想改变现状，必须养成勇于进取、敢于拼搏的好习惯，而不能一味地好逸恶劳、整天懒懒散散的，所以他们往往都能有所成就。比如俄国作家列夫·托尔斯泰，他年轻时为了克服惰性，采取了两个措施，一是天天做体操；二是每晚睡前写日记。直到80岁高龄时，他还依然坚持这么做。正因为他克服了懒惰，养成了毕生勤奋的习惯，这才有了《复活》《安娜·卡列尼娜》等伟大著作的问世，他本人也得以成为文坛巨匠。

懒散和勤奋带来的结果相差悬殊，懒散会使人走向越来越深的黑暗，而勤奋却能够使人走向光明。

一位铁匠用同一块铁打了两把锄头，摆在地摊上卖。其中一把锄头被一个农民买走，当天就被农民扛到地里，干起农活儿来；另一把锄头被一个商人买去，之后被摆在这位商人的店铺里出售，可是一直都无人问津。

半年之后，两把锄头偶然碰面了。原本质地、光泽都相同的两把锄头，现在却大不相同。被农民买走的那把锄头，变得比刚打好时还光亮；而一直摆在店铺里的那把锄头呢，却变得暗淡无光，上面布满了铁锈。

"我们以前是一样的，为什么半年之后，你变得如此光亮，而我却成了这副样子呢？"那把锈迹斑斑的锄头问它的老朋友。

"原因很简单，那就是农民一直在使用我劳动。"那把光亮的锄头回答，"你之所以会生锈，是因为你总是侧身躺在那儿，一副懒懒散散的样子，什么活儿也不干！"

生锈的锄头听了，无言以对。

锄头越用越光亮，人越学越聪明。我们要想获得成功，必须坚决抵制懒散这种恶习，彻底摆脱它的钳制，养成勤奋的好习惯。当然，要做到这一点，还需要讲究方法，最直接、最有效的方法就是让自己忙碌起来。

为了让自己养成勤奋的好习惯，哈佛大学的一些学生采取了以下三个措施。

一是睁开眼睛就起床，尽早投入到学习当中。懒散的主要表现是拖延、等待、回避，具体体现在赖床等坏习惯上。要克服懒散，首先要克服赖床，做到睁眼就起床。任何事物都会受到惯性的影响，做事也一样，一件事只要开了头，中途就不容易停下来。所以，要立刻着手行动，克服赖床的坏习惯，养成立即行动的好习惯。

二是像美国著名的科学家、政治家、外交家、文学家本杰明·富兰克林一样，设计一个日程安排表，将所有需要做的事都有条有理地记录在上面，时刻提醒自己珍惜时间，赶紧行动起来。

三是在住所之外的地方学习。人的行为在住所内外是有很大差异的。住所一般是休息的地方，所以人们在家里很容易松懈。而在住所之外的地方，尤其是图书馆等有学习氛围的地方，人们则更容易紧张起来，从而能够抓紧时间尽快投入到学习之中。

一旦克服懒散的恶习，养成了勤奋的好习惯，就能够从容洒脱地应对人生路上的各种障碍，并且拥有一份稳定的愉快心情。

◎ **哈佛练习题**

通过一个人是否重视时间管理，可以看出他是否有懒散基因。做一做以下测试题，了解一下你对时间的管理情况。

1. 你喜欢什么样的生活？

A. 按部就班，平静如水的生活　　B. 急急忙忙，精神紧张的生活

C. 轻松愉快，节奏明显的生活

2. 周末的早晨，你醒来时发现外面正在下雨，而且天气阴沉，你会怎么办？

A. 接着再睡　　　　　　　　B. 赖在床上不愿意起来

C. 按照一贯的生活规律穿衣起床

3. 学习效率不高时，你会怎么办？

A. 强打精神，继续学习

B. 休息一下，活动活动，轻松轻松，以利再战

C. 暂停学习，转换一下兴奋中心，等待高效率的时刻到来，再接着学习

4. 你怎样阅读课外书籍？

A. 没有明确的目的，有什么就看什么，并且时常读出声来

B. 能一边阅读一边选择

C. 目的明确地进行阅读，并运用快速阅读法加强自己的阅读能力

5. 吃完早饭以后，你怎样利用上课之前的那段自由时间？

A. 无所事事，根本没有考虑学习点什么，时间不知不觉地就过去了

B. 准备学点什么，但又不知道学什么好

C. 按照制订好的计划学习，充分利用这一段自由时间

6. 你会不会经常反省自己处理时间的方法？

A. 很少如此　　　　　B. 偶尔如此　　　　　C. 常常如此

7. 在作息时间表上，你会留有一定的时间应付那些出乎你意料的事情吗？

A. 很少如此　　　　B. 有时如此　　　　　C. 经常如此

8. 你的手表或书房的闹钟经常处于什么状态？

A. 常常比标准时间慢一些　　　　B. 比较准确

C. 经常比标准时间快一些

9. 对于浪费时间的行为，你有何感受？

A. 无所谓　　　　　　　　B. 感到很痛心

C. 感到应该从现在起尽量抓紧时间

10. 你的书桌上很整齐吗？

A. 很少如此　　　　B. 偶尔如此　　　　C. 常常如此

答案解析：

评分标准：选择 A 记 1 分，选择 B 记 2 分，选择 C 记 3 分，将各题的得分相加，计算出总分。

测试结果：

26 分以上，说明你能够认识时间的重要性，并会在行动中体现出来，你需要逐步完善你的时间管理方法，并继续保持已经形成的良好习惯；

21 ～ 25 分，表明你对珍惜时间有一定的认识，但也只限于认识阶段，还没有付诸行动，你需要尽快行动起来，从根本上改变你对时间的态度；

20 分以下，表明你经常浪费时间，在生活和学习上既不做计划又没有安排，经常延误那些需要及时处理的事情，你需要尽快改变你对时间的态度，提高做事效率。

机遇总是眷顾那些勤于奋斗的人

初涉世事的年轻人，往往个性张扬，率性而为，不会委曲求全，结果可能是处处碰壁。而涉世渐深之后，就会知道轻重，学会内敛，专心做事，勤于奋斗。

——毕业于哈佛大学的著名企业家　杰西卡·克莱默

机遇又叫契机或机会，通常可以按照字面意思将其理解成"忽然遇到的好运气或好时机"，它就像天神手中的魔杖，可以左右人们的成败，甚至能够决定一个人的一生，但是它又具有一定的时效性，一旦错过可能就再也得不到了，所以许多人都渴望能够抓住它，从而获得成功。然而，很多人都只看到了机遇带来的结果，而忽略了能够将机遇变成现实中最大收益的"大手"——勤奋。

哈佛大学的学子们都明白这样一个道理："无论是发现机遇还是抓住机遇，都必须依靠自己的辛勤奋斗，机遇只偏爱有准备的头脑。"曾经的哈佛学子比尔·盖茨也说过与此类似的话："亲爱的朋友，我认为你们应该重视那万分之一的机会，因为它能给你带来意想不到的成功。有人说，这种做法是傻子行径，比买奖券的希望还渺茫。这种观点是有失偏颇的，因为开奖是由别人主持的，丝毫由不得你；但这种万分之一的机会不一样，它完全是靠你自己的主观努力去完成的。"

的确，在机遇面前，人并不是完全被动的、消极的。许多在某一领域取得成就的人，都积极、主动地争取甚至"创造"机遇，而不是一味地等待机遇的到来。在面对像他们这样的人时，许多人都会嫉妒地发出感慨，"这个人的命真好，总能遇到很多机遇……"却没有看到他们为了抓住那些机遇而付出的努力。

有个美国姑娘名叫莱温，她从念中学时起就一直梦想有一天能够当上电视节目主持人。她的父亲是芝加哥有名的牙科医生，母亲在一家声誉很高的大学担任教授。她的家庭对她有很大的帮助，她完全有机会实现自己的理想，但是她又为这个理想做了什么呢？她什么也没做，只是一直渴望自己某一天能够一下子当上电视节目主持人。莱温就这样不切实际地期待着，结果什么奇迹也没有出现。

另一个名叫露丝的姑娘却实现了莱温的梦想。露丝不像莱温那样有可靠的经济来源，但是她知道一切成功都要靠自己去努力争取，所以她并没有坐等奇迹的到来，而是白天工作，晚上去一所大学上课，学习舞台艺术。有一天，她看到这样一则招聘信息，得知北达科他州有一家很小的电视台正在招募专门负责预报天气的主持人，就动身去了北达科他州，结果被录用。在那里工作了两年之后，露丝又在洛杉矶一家电视台找到了一份工作。又过了五年，她终于成了自己梦寐以求的电视节目主持人。

莱温一直停留在自己的幻想上，坐等奇迹的发生，而没有付诸行动，所以她的梦想不会变成现实；而露丝则不同，她通过辛勤的奋斗抓住了机遇，最终如愿以偿。

总而言之，机遇虽然稍纵即逝，但是它真实地存在着，只有积极地行动起来，用勤奋掌握迎接它的实力，才不会与它失之交臂。相反的，如果我们不付出努力，做好迎接它的准备，那么即便它降临了，我们也难以抓住它。

一句"机遇只偏爱有准备的头脑"，道出了多么朴素的真理。莘莘学子，你们要想牢牢抓住机遇，就要像哈佛大学的学子们一样勤于奋斗，为机遇的降临做好准备吧！

◎ 哈佛练习题

虽然机遇总是眷顾那些勤于奋斗的人，但是当机遇来临时，如果你不善于抓住它，那么纵使你满腹经纶，也会与它擦肩而过。做下面的测试题，看一看你是否善于抓住机遇。

有一位年轻女性向你问路，而她要去的地方跟你的目的地恰好方向相同，这时你会怎么做？

A. 告诉她，你也要去同一个方向，你们可以一起走

B. 详细地给她指路，然后跟在她身后，并与她保持一定的距离

C. 不回答她，只是默默地走在前面，希望她会跟着你走

D. 告诉她怎么走，自己走另一条路

答案解析：

选择 A：相逢就是一种缘分，你能借此与她同行，可以说是个善于利用机会的人。你做事负责，也能有涵养地为对方着想，懂得尊重别人，因

此能获得不少机会。

选择 B：你把自己的事和别人的事分得很清楚，但不会只告诉人家方法就不管了。你会认真地关注一件事，直到它成功。也许正是这一点使你能够得到许多成功的机会。

选择 C：你是个自求满足的人。你无视对方的困难，而一味强求，因此你会制造敌人，但因为你的态度强硬，也有不少人会跟着你走，属于政治家一类。

选择 D：你意志软弱，讨厌人家误解或低估，一旦被人重视，又觉得是一种负担，感到厌烦。你没有意气相投的朋友，也没有敌人，是一个非常独特的人，因此很少或往往不能抓住机遇。

每天让自己进步一点点

迎着晨光实干，哪怕只干一点点也是好的。不要对着朝霞幻想，否则你将迎来晚霞。

——毕业于哈佛大学的著名作家　艾伦·罗杰斯

许多年轻人在遇到困难时都难免生出畏惧之心，觉得自己力不从心，渴望有一条捷径可走，可是哈佛大学的一些教授经常告诫他们的学生："每天进步一点点，是最好的方法。"

就拿学习来说吧，它就像一个复杂的棋局，需要你有足够的耐心，一步一步地走下去，才能取得最后的胜利，不可能一蹴而就。可是，有些人往往是不肯前进或者急于前进，这些都是有百害而无一利的。曾经就读于哈佛大学的凯里·鲍威尔的学习生涯，就很好地阐释了这一点。

在很小的时候，凯里·鲍威尔就非常喜欢画画，经常一拿起画笔就不愿意放下。不过，当时他毕竟还是个孩子，所以难免像其他孩子一样贪玩。有时候，他会与朋友们玩上一整天，直到玩累了才罢休。常常是等到一天快结束时，他才突然意识到自己已经一天都没有做"正经事"了，于是连忙掏出课本，认真地写起作业来，接着又拿起画笔，努力地画起画来。可时间一长，他不仅没能在画画上取得进步，学习成绩也受到了影响。

父亲得知他的学习成绩下降之后，并没有责骂他。当天晚上，父亲准备了一个小漏斗和一捧玉米种子，然后对他说："我想做一个实验给你看看。"接着，父亲让他把双手伸直了放在漏斗下面，然后把一粒玉米种子投进了漏斗里。玉米种子顺着漏斗向下滑，落到了他的手上。父亲投了十几次，他的手里也就有了十几粒种子。之后，父亲抓起一把玉米种子，把它们一起放进了漏斗里，只见这些玉米种子相互挤着，竟然一粒也没有掉下来。

他露出既惊讶又疑惑的表情，怔怔地看着父亲，很想知道父亲这么做到底有什么深意。父亲看着他，意味深长地说："你就像这个漏斗一样。假如你每天都能做好一件事，每天都进步一点点，那么你每天就会有一点点的收获和快乐。可是，当你想把所有的事情都挤到一起来做时，反而连这一点点的进步都难以取得了。你明白我的意思吗？"他惭愧地点了点头。

为了督促自己，他制定了一个作息时间表。从此以后，他每天都按照这个时间表安排自己的学习、画画，完成了每天的"任务"之后才出去玩耍。

多年之后，他不但顺利地从哈佛大学毕业，而且成为一位知名的画家。

每个人的时间都是有限的，这就要求我们做事讲究效率，如果你想把所有的事情一下子全做好，反而欲速则不达，只有学会循序渐进的方法，一步一个脚印地向前走，才能距离自己的理想越来越近。凯里·鲍威尔的父亲深知这个道理，于是谆谆教导凯里·鲍威尔，这才使他意识到并改正了自己的错误。

你又是怎么度过你的每一天的呢？是距离你的梦想越来越近，还是越来越远？虽然"一步登天"难以做到，但是一步一个脚印地走向梦想，每天进步一点点是完全有可能的。每天进步一点点，听起来好像没有冲天的气魄，也难以收获诱人的硕果，可是只要你长期坚持不懈，就会有意想不到的收获，哪怕只是一点点的进步，也是希望，总有一天，你会惊奇地发现，在不知不觉中，你已经具备了承担更多责任的能力。而如果我们放弃了每天一点点的进步，那么等待我们的必将是失败。

作为一个优秀的青年人，应该谨记哈佛大学教授的教诲，每天勤奋一点点、每天主动一点点、每天学习一点点、每天创造一点点……只要你合理地安排自己的时间，把自己该做的事具体地落实到每一天，每一天都进步一点点，就能一步步实现自己的梦想。

◎ **哈佛练习题**

你永远都有向上的愿望吗？测一测你的进取精神吧，了解一下你进步的速度。下面有 10 道题，1 ~ 7 题有 5 个备选答案：A（完全不同意）B（部分不同意）C（不确定）A（部分同意）E（完全同意）。8 ~ 10 题也有 5 个备选答案：A（很弱）B（较弱）C（一般）D（较强）E（很强）。请你根据你自身的实际情况选出适合你的答案。

1. 你有兴趣参加能发挥自己的特长、体现自己的价值的活动吗？

2. 你非常优秀，是别人随时想超过的目标。你觉不觉得可能有人会为了超过你而不择手段？

3. 和同资历的人相比，你有决心获得比他们更大的成功吗？

4. 你认为人生如战场，适者生存、优胜劣汰吗？

5. 拥有一份难度很大而又十分艰巨的工作，会令你感到满足和快乐吗？

6. 你的好心经常被人误解吗?

7. 在得知与你不相上下的人做出了成就时,你会不服气并试图超过他吗?

8. 你认为相互竞争对成功能起多大作用? 从弱到强为 A ~ E,你选哪一种?

9. 如果人们之间的竞争强度从弱到强依次为 A ~ E，那么在目前所处的环境中，你觉得你自己的情况属于哪一种?

10. 如果希望与人合作,其合作程度从弱到强为 A ~ E,你会选哪一种?

答案解析:

评分标准:每题选择 A 记 1 分,选 B 记 2 分,选 C 记 3 分,选 D 记 4 分,选 E 记 5 分。将各题得分相加，统计总分。

测试结果:

45 分以上，表明你的竞争意识和进取心很强，你的进步也很快;

35 ~ 44 分,表明你的竞争意识和进取心较强,所以你的进步也会比较快;

25 ~ 34 分，表明你的竞争意识和进取心一般，进步速度也一般;

24 分以下，表明你的竞争意识和进取心较弱，进步比较慢。

记住，别想着不劳而获

只有做好最充分的准备，才能换来最好的结果。

——美国励志书籍作家、现代成功学大师　拿破仑·希尔

在我们身边，有一些人总想着不劳而获，渴望天上掉馅饼。可俗话说，

天下没有免费的午餐。无论在什么时代、什么地方，没有积极的行动、只想不劳而获的人，最终都将一无所得，与成功无缘。不要幻想不劳而获，脚踏实地地挥洒自己的汗水是最聪明也是唯一的选择。

史蒂文·李·戴维斯是哈佛大学教育学院的一位教授，他曾经说过："如果只是'动口不动手'，或是有很好的想法却不去付诸行动，那么成就对你来说就只会是镜花水月。脚踏实地有可能成功，也有可能失败，但是如果不能脚踏实地，就百分之百会失败。因为只有努力去做，辛勤地付出劳动和汗水，你才能不断地提高自身驰骋疆场、驾驭时空的能力；只有积极行动起来，激情满怀地面对人生，你才能在生命的运动中找到成功的契机。"

为了进一步说明不劳而获这种想法的不利影响，戴维斯教授在一次主题演讲中引用了下面这则笑话。

有一个落魄的中年人每隔两三天就去教堂祈祷，每次祷告的主题几乎都相同。

第一次来祷告时，他跪在圣坛前，虔诚地低语："上帝啊，请念在我多年来一直敬畏您的份上，让我中一次彩票吧！阿门。"

三天之后，他垂头丧气地来到教堂里，像第一次一样跪在圣坛前，苦恼地说："上帝啊，您为什么不让我中彩票呢？我愿意更谦卑地服侍您，求您让我中一次彩票吧！阿门。"

又过了三天，他再次出现在教堂里，重复着他的祈祷。

他就这样周而复始地祈求着上帝，从不间断，可是一直都没有中彩票。

这一天，他又走进教堂，跪着祷告："我的上帝，您为何不垂听我的祈求呢？您就让我中彩票吧！只要一次，让我把所有的困难都解决了，我愿意终生专心侍奉您……"

上帝终于有了回应。只听圣坛上空传来一阵庄严肃穆的声音："我一直都在垂听你的祷告，可是——最起码你也得先去买一张彩票才行啊！"

讲完这则笑话，戴维斯教授严肃地问演讲台下的听众："你们有没有做过如此荒诞以至于连上帝都觉得无能为力的事呢？"听众纷纷陷入了沉思。

这则笑话虽然有些荒诞，但是其中蕴含的道理是非常深刻的。这位信徒口头上这么虔诚地祈求上帝帮助自己，实际上却连一次彩票都没有买过，又怎么可能中大奖呢？在现实生活中，许多人都跟这位虔诚的信徒一样，只是他们自己并没有意识到这一点罢了。是啊，即便你想不劳而获，也总该"先买一张彩票"吧。

就算天上掉馅饼了，你也得先张开嘴巴才能接住它，更何况天上根本就不会掉馅饼。这世上没有不劳而获的好事，正如优异的成绩和舒适的生活都需要自己去争取一样。要想秋天有收成，必须在春天就播种；要想获得成功，总得事先努力付出。被动地等待，是没有出路的。如果你梦想着有一天能够获得无数的鲜花、掌声和财富，就立即行动起来，抓紧时间修炼自己的"内功"，在机遇来临之前做好充分的准备。只有这样，你才能抓住机遇，才能牢牢地咬住"从天上掉下来的馅饼"，而不是被它砸晕。

当你懒得不愿意动弹，一心渴望"天上能掉下馅饼"时，就想一想戴维斯教授引用的笑话吧，激励自己立即行动起来，靠自己的辛勤劳动争取自己想要的，以免自己成为一个"荒唐的信徒"。

◎ **哈佛练习题**

只有战胜了懒惰和诱惑，才能摆脱不劳而获的错误认识，勤奋进取。面对诱惑，你拥有良好的自制力吗？请根据自己的情况回答下列问题，并以"是"或"否"作答。

1. 你时常陷入接二连三的麻烦中？

2. 你很好说话，所以说服你并不难？

3. 你的保证与诺言已经不太被人相信了？

4. 你经常赖床？

5. 你时常幻想那些不切实际的事，并深深地沉溺于其中？

6. 每次到超市购物，你都会超出预算？

7. "这是最后一次"是你的口头禅？

8. 你总是不等到月底就把当月的生活费花光了？

9. 你经常做出令自己后悔的事？

10. 你经常不能完成自己制定的学习目标？

答案解析：

评分标准回答"是"记1分，"否"记0分。将各题的得分相加，计算出总分。

测试结果：

4分以下：你不会轻易地向诱惑妥协。你具有很强的自制力，能够有效地控制和调节自己的行为，对"我想做"与"我应当做"的关系把握得很清楚，对未来充满信心。但也不要对自己过于苛刻。

5～7分：你经不起诱惑。你的设想与计划常常半途而废。面对这种情况，你也不必泄气，因为每个人身上总是存在这样或那样的缺点，而人生的挑战就在于正视并设法克服这些缺点。

8分以上：你总是成为诱惑的俘虏。缺乏自制的你，应从小事做起，例如在寒冷的冬天强迫自己从温暖的被窝里爬出来，或者对自制行为实行奖励制度，比如一周都早起的话就请自己吃一顿饭。和惰性说再见，就是在点滴的努力中实现的！

第三章　靠自己，你是自己的"命运导师"

能掌握命运的只有你自己

做自己的主人，人生的所有法则都将变得简单：孤独者将不再孤独，贫穷者将不再贫穷，脆弱者将不再脆弱。

——哈佛大学毕业的美国作家、哲学家　亨利·戴维·梭罗

在一节人文课上，哈佛大学教授约翰·威尔森向学生们阐释了他对"命运"的看法："在我看来，命运的一半是由外力决定的，另一半则可以由我们自身控制，甚至可以说命运就掌握在我们自己手中。虽然我们不能改变周围的环境，但是起码还可以控制自己的内心，还可以通过努力改善自身的现状。每个人都只有一次生命，在这个问题上，上帝对待众生是完全平等的。面对这仅有的一次生命，我们怎能拱手把它交给别人，让别人为我们做主？"

说完这番话之后，约翰·威尔森教授向学生们讲述了被人们誉为"世界潜能激励大师"的成功学专家安东尼·罗宾的一段经历。

这一天，安东尼·罗宾正在自己的办公室里办公，一个风尘仆仆的流浪者走了进来，向他打招呼说："我来这儿，是想见一见这本书的作者。"说着，这个流浪者从衣袋里掏出一本书，把它摆在了安东尼面前。这本书名叫《自信心》，是安东尼多年以前写的。安东尼微笑着示意流浪者坐在他面前的椅子上。

流浪者激动地说："这本书一定是命运之神在昨天下午放进我的衣袋里的，因为当时我正准备跳进密歇根湖了此残生。我已看破一切，对什么都绝

望了，就连上帝也抛弃了我。可不知怎么回事，这本书竟然引起了我的注意，令我改变了想法，让我一直支撑到现在。昨天晚上，我对自己说，我要去见一见这本书的作者，他一定有办法让我重新拥有面对生活的勇气，使我再次看到希望。于是，我今天来到了这里。我想知道，你能替我这样的人做些什么？"

在流浪者说这番话的时候，安东尼从头到脚打量了流浪者一遍，只见他留着又长又脏又乱的胡子，眼神迷茫，满脸的沮丧和绝望之色。安东尼心想，要让这个人重新对生活充满希望的确不容易，不过他并没有这样说，只是思索了一会儿，然后对流浪者说："我没有办法帮助你，但是如果你愿意的话，我可以把你介绍给这栋楼里的另一个人，他能够帮助你东山再起，让你重新拥有你失去的一切。"

安东尼刚刚说完这番话，流浪者就立刻跳了起来，抓住他的手说："看在上帝的分上，请带我去见这个人！"

他的表现说明他心里仍然存有希望，因此安东尼就带领他走进心理试验室，跟他一起来到一块看似窗帘的布匹跟前，拉开布匹，只见布匹后面是一面大镜子，大镜子里有两个人。安东尼指着镜子里流浪者的影像，对流浪者说："就是这个人。在这个世界上，只有这个人能够使你东山再起，除非你坐下来，就像面对一个陌生人一样彻底认识这个人，否则你就只能跳进密歇根湖了。因为，在你没有真正认识这个人以前，无论是对你自己还是对这个世界来说，你都是一个没有价值的废物。"

流浪者怯怯地朝着镜子走了几步，摸了摸自己长满胡子的面孔，从头到脚打量着镜子里的自己，几分钟之后才猛然后退几步，低下头啜泣起来。

过了一会儿，安东尼带领满脸泪痕的他走出心理试验室，目送他离开了。

几年之后的一天，安东尼去参加一个商务聚会。在聚会上，一位西装革履、精神饱满的富商步伐轻快地走到他面前，主动跟他攀谈起来，安东尼这才发现他竟然就是当年那个颓丧、绝望的流浪者！富商说："我非常感谢您，安东尼先生，是您让我找回了自己！"

学生们听了约翰·威尔森教授的话，纷纷若有所思地点了点头。教授接着说："真正让这个流浪者找回自己的人，其实并不是安东尼，而是这个流浪者自己，安东尼只是起到了指引作用而已。你们的命运如何，也由你们自己决定。你们不能让自己变成流浪者，然后绝望地等着智者来指点你，使你幡然悔悟，而应该现在就行动起来，掌控好自己的命运之舵。"学生们这才认识到教授讲安东尼这段经历的深意，不禁信服地倾听着教授的教诲。

　　许多人之所以总以为自己比不上别人，就是因为他没有看到自己身上所蕴含的巨大力量，不相信能够掌握命运的只有自己。你可以仰慕别人，但同时也不能忽略自己。每个人都是造物主的杰作，只要你相信自己，充分激发自己的潜在力量，你就可以掌控自己的命运，甚至创造奇迹。

◎哈佛练习题

　　只有认清自己，才能知道如何掌握自己的命运。你认清自己了吗？拿笔在纸上随意地涂鸦，不要计划和考虑，然后跟下列情况对照，看你更接近哪一种。

A. 长方形　　B. 模糊的人形　　C. 近似圆形　　D. 细长的线条

E. 心形　　　F. 不断重叠的圆形　G. 漩涡状的圆形

　　答案解析：

　　选择A：你很有才气，但不会恃才傲物；你的自尊心很强；你对自己的知性能力很自信，期望被人肯定及赞美的意愿相当强，但是懂得隐藏，不会表现出自己的真实想法。你很可能会成为一位理论家。

　　选择B：无论到哪里，你都是一个很好的领导人物，而且会对周围的人产生很大的影响。你既诚实又冷静，善于控制自己的情绪，值得信赖。你很努力，耐力和意志力也很强，不会过很奢侈的生活。总之，你是一个很有个性魅力的人。

　　选择C：你重视有内在美的东西，不会被表面华丽的东西所吸引。你非常质朴，衣着上也一样，所以你绝不会是个非常耀眼的人。你老实忠厚、勤劳节俭，而且非常努力，是个责任感很强的人，所以很能得人信任。你总是喜欢站在幕后，做一个不显眼却又不可或缺的人。

选择 D：你很情绪化，喜欢独处，自尊心很强，而且追求完美，越是现实的东西你就越难以接受，因此你在心中筑了一道高墙，使人无法了解和靠近你。

选择 E：你个性柔和而且感性，甚至有些神经质，很容易受到伤害；你最讨厌和别人争吵，所以有时你会为了避免不愉快的事而撒一些小谎。你总能给别人留下强烈的第一印象，但是你很快又会归于沉寂，也许这就是你的与众不同之处吧。

选择 F：你对每一件事都能有所准备，并加以判断，这是你的特征。你非常有活力，对人生充满了希望；你不服输，意志力非常强，任何事情都希望按照自己的计划来实行；面对不如意的事，你会有很强烈的反应；遇到轻微的挫折，你的信心不会动摇，而且会勇敢地面对。

选择 G：你非常理性，无论发生什么情况，你都能冷静地处理好，不会被感情左右。你气质优雅，谦虚、礼让，绝对不会向别人提出非分的要求。你能表明自己的态度，并且立场坚定。唯一的不足之处，是你很可能会给别人留下冷酷的印象。

每个人的价值都无可取代

一个人除非自己有信心，否则他就不能带给别人信心。只有认为自己一定能行的人，才能令别人信服。

——哈佛学者　埃尔文·林登·韦斯特

丽莎·加西亚是一个勤奋好学的姑娘，她刚刚以优异的成绩被哈佛大学录取。进入哈佛大学之后，她像以前一样努力，认真地听课、做笔记、自习。但是，由于哈佛大学是精英汇集之地，其中不乏优秀学子，再加上丽莎·加西亚一时不适应新的学习环境，所以期末考试时她的成绩并不理想。这个结果令一向成绩优异的她感到非常沮丧，甚至有些自卑。直到听了帕特·希尔教授所讲的一场主题为"人生价值"的讲座，她才重新找回了自信。

帕特·希尔教授对学生们说："……一个人的价值不取决于别人对他的态度，也不会因为他遭受的挫败而贬值，因为无论别人如何对待他，哪怕是侮辱、诋毁他，他的价值也依然存在。每个人的价值都是无可取代的……"

帕特·希尔教授说得很对。一个人既然来到了这个世上，就有他独特的使命和存在的意义。上帝赋予了我们不同的肤色、不同的个性、不同的人生经历等，是为了让我们的生活多姿多彩。很多人之所以总以为自己一无是处，或是抱怨生活，是因为他只顾羡慕别人，而没有真正地认识自己。其实，生活中到处充满了美好，只要你善于发现，充分认识和发掘自身的价值，做最好的自己，就没有谁能够代替你。

1972 年，新加坡旅游局向时任总理李光耀提交了一份报告，报告的大意是这样的："我们新加坡不像埃及有金字塔，不像中国有长城，不像日本有富士山，不像夏威夷有十几米高的海浪。除了一年四季直射的阳光，我们什么名胜古迹也没有。要发展旅游事业，实在是巧妇难为无米之炊。"

李光耀看了报告，非常气愤，在报告上写下了这样一行批语："你想让上帝给我们多少东西？阳光，阳光就够了！"

后来，新加坡利用本国那一年四季直射的阳光，种花植草，迅速发展成为世界上著名的"花园城市"，旅游业收入连续多年名列全亚洲前三位。

每个人身上都有别人所没有的东西，这就是属于你自己的特长。只要你充分认识到并肯定自己的闪光点，就能够发现自己独特的价值。新加坡的旅游业能够取得这样的成就，就在于李光耀充分认识到了本国阳光充足的优势，并妥善地利用了这一点。

德国哲学家黑格尔曾经说过："存在即合理。"无论是不入流的电影、丢给小狗的骨头、荒地里的杂草，还是奇形怪状的石头等，都有它存在的价值和意义，因为它也是这个千姿百态的世界的一分子，没有谁跟它是一模一样的，所以也没有谁能够取代它。大熊猫、白天鹅、啄木鸟等动物固然能够因其自身独特的价值赢得人们的喜爱，但通常不受欢迎的苍蝇、蚊子、老鼠也同样有其存在的价值。再比如橡树，它虽然不适宜用作建筑材料，但它有其他树木不具备的价值：它防潮，弹性也很好，又具有很好的观赏性，因此被广泛应用于葡萄酒或香槟酒的瓶塞、高档地面材料的生产之中，还被人们用来装饰园林。

无论如何，我们都不应该自怨自艾，而应该认识到自身的独特性，并充分发挥自己的优点，取长补短。就像帕特·希尔教授在那场演讲中最后说的那样："一个人即便再卑微，也有独特的天赋，也是尊贵的。你们应该充分体现出自己独特的价值，这时你将会意识到，自己和所有的杰出人士一样，也具备成功的资格和条件。"

如果你曾经自卑过，那么请你像丽莎·加西亚一样牢记帕特·希尔教授的教诲，现在就自信起来，大胆地做你自己想做的事，靠自己来改变命运。

◎ 哈佛练习题

做一做下面这项测试题，看一看你是否足够自信。请以下面四个选项作答：

A. 基本上是这样　B. 经常如此　C. 偶尔会这样　D. 基本上不会如此。

1. 有人想请你帮忙，比如替他值夜班，而你不愿意，这时你会直接拒绝。

2. 当你被别人占了便宜时，比如有人插队，排在了你前面，这时你会不高兴。

3. 你对最亲近的朋友或亲人感到满意。

4. 你在办公室或家中做日常事务时，希望获得他人的认可或称赞。

5. 在去重要场合之前，比如面试或参加晚会，你需要借助药物让自己镇定。

6. 和朋友一起吃饭，当你有自己的主意时，也能使其他人都赞同你。

7. 发生了一件令你不愉快的事，比如你的家人回家太晚了，当时你生气地冲他发火了，事后却感到后悔。

8. 在团体活动中，你不知如何与人相处，只能独处。

9. 在一个陌生的场合中，比如在人数众多的晚会或求职面试中，你会感到忐忑不安，害怕失败或出丑。

10. 在需要你做出决定时，比如买衣服或选择假日去哪里玩，你很犹豫。

答案解析：

第1、2、3题选择A或B，第4、5、7～10题选择C或D，第6题选择B或C。如果你的选择和参考答案不相符，说明你的自信心不够。

自立自强，没有人能代替你成长

强者容易坚强，正如弱者容易软弱。

——哈佛大学毕业的美国思想家、文学家　拉尔夫·沃尔多·爱默生

受各种因素的影响，许多人都养成了一种依赖性，在家依赖父母，在外依赖朋友，在学习上依赖老师或同学……与那些习惯于依赖别人的人相

比，自立自强的人，经历的磨难更多，要承受的压力也更大，但是正因为这样，自立自强的人远比习惯依赖他人的人成长得更快，更容易获得成功。

哈佛大学的学生们深知这样一个道理："生活中最大的危险就是依赖他人，希望他人能够帮助自己。如果总是依赖他人，把他人当成'拐杖'，甚至将所有的希望都寄托在他人身上，就会养成依赖心理，失去独立思考和行动的能力。所以，必须克服畏惧心理，扔掉'拐杖'，养成为人认可的独立人格，靠自立自强赢得成功。"

在哈佛大学，一直流传着毕业于哈佛大学的美国第 35 任总统约翰·肯尼迪自立自强的故事。

在约翰·肯尼迪很小的时候，他的父亲约瑟夫·肯尼迪就开始注意培养他的独立性。

有一次，约瑟夫·肯尼迪赶着马车带儿子出去游玩。当马车来到一个拐弯处时，由于速度太快，竟然猛地把小肯尼迪甩了出去。约瑟夫连忙勒住马，马车停了下来。小肯尼迪满以为父亲会下车把他扶起来，父亲却依旧坐在车上，还悠闲地抽起烟来。

小肯尼迪只好趴在地上大叫："爸爸，快来扶我一下。"

约瑟夫若无其事地说："你摔疼了吗？"

小肯尼迪带着哭腔说："是的。"

约瑟夫坚决地说："那也要自己站起来，再爬到马车上。"

小肯尼迪挣扎着站了起来，晃晃悠悠地走到马车跟前，艰难地爬了上去。

约瑟夫挥了挥鞭子，问小肯尼迪："你知道我为什么不去扶你吗？"

小肯尼迪摇了摇头。

约瑟夫抽了一口烟，双眼注视着前方，说："人生就是这样，跌倒了要自己爬起来，接着奔跑，然后再跌倒、再爬起来、再奔跑。无论什么时候，都要依靠自己，因为没有人会扶你起来，即使有人过来扶你，也不可能扶你一辈子。"

从此以后，小肯尼迪一摔倒了就立刻自己爬起来，逐渐养成了自立自强的性格。无论遇到什么困难，他都会尽可能地自己解决。经过自己的努力奋斗，他最终于1960年当选为美国第35任总统。

约翰·肯尼迪能够取得这么大的成就，原因之一正在于他很早就树立了独立自主的精神。作为美国历史上最伟大的总统之一，他不只是美国人民的骄傲，更是哈佛大学的骄傲。为了纪念这位伟人，哈佛大学建立了肯尼迪政治学院，并且提倡学生们学习肯尼迪这种独立自主的精神。

如果我们事事都需要他人帮忙，那么我们何时才能成长壮大？万一哪一天没有"拐杖"了，我们又该怎么办？我们早晚会成年，不可能一直依赖父母，更何况父母早晚会离我们而去；朋友也不可能事事都帮助你。无论是依赖谁，都只能依赖一段时间，而不可能长久，只有自己才是可以一直依靠的。

当今社会，生活节奏越来越快，社会竞争越来越激烈，这一现实也要求我们必须自立自强。那些凡事都想依赖他人的人，最终必将被淘汰。只有用自己的力量去克服学习、生活等方面的困难，才能不断向上，在社会上站稳脚跟，并开创美好的未来。

为了戒除学生们的依赖性，哈佛大学的一些教授还经常告诫他们，这世上最不可靠的就是他人的施予，因为施予者可以随时收回他们的财物和关爱等，只有自立自强的人，才能掌控自己的命运。所以，与其依靠别人来享受短暂的安逸，不如立刻扔掉"拐杖"，自立自强，用奋斗争取一生的生活保障。

◎ **哈佛练习题**

测一测你是否习惯于依赖别人：假设你明天有要事要办，必须早起，这时你会把闹钟放在哪儿？

A. 触手可及的地方　　　　　　B. 放在枕边，吵醒自己

C. 能听见就行，尽量远点

答案解析：

选择 A：无论什么事，你都想自己去做，并表现出一副"我自己能行"的潇洒样子，但是你也非常在意他人的看法。你不一定会接纳别人的意见，但是你总习惯于征询别人的意见。

选择 B：你非得将闹钟放在耳畔才觉得自己能按时起床。你容易依赖别人，同时也正因为这一特质，你才更容易融入一个群体，容易让人产生亲切感和保护你的欲望！

选择 C：你做事干脆，不喜欢依赖他人，做事有自己独特的风格。在一个团体中，你往往很容易脱颖而出，具有过人的领导才能。但俗话说"树大招风"，你也是最容易成为众矢之的的那种人。

自己的人生无须浪费在别人的标准中

只要你相信自己做的是对的，就不要在意别人怎么议论你。

——美国社会活动家、政治家　安娜·埃莉诺·罗斯福

在对哈佛大学的教育模式和成功经验进行了一番研究之后，许多学者都发现哈佛大学的学生普遍具有自主精神：他们敢于坚持自己的观点，不会为了取悦他人而活在他人的标准里，更不愿意受他人支配。这种自主精神是一笔宝贵的精神财富，使得一代又一代哈佛学子摆脱了别人的限制，成为自己命运的主人。

哈佛人认为，一个人最具魅力的品质之一就是有主见，具有这种品质

的人身上无形之中就透出一股自信和成熟。

杰克是一位年轻的画家。有一次，他画完一幅画后就把它拿到展厅里展出。为了能够听取别人的意见，他特意在这幅画旁边放了一支笔，请观赏者把他们所认为的"败笔"圈出来。当天晚上，杰克兴冲冲地去取画，只见画上被涂满了各种记号。杰克见自己的画被指责得一无是处，感到既难过又失望。

后来，他把这件事告诉了一位朋友，这位朋友请他换一种方法试试，于是他重画了一张同样的画拿去展出，只不过这一次他请求每位观赏者将他们所认为的"妙笔"圈出来。等他再去取画时，发现画上也被涂满了记号。那些曾经被指责的地方，现在都换上了赞美的标记。

"哦！"杰克不无感慨地说，"现在我终于发现了一个奥秘：无论做什么事，都不可能让所有人都满意，因为在一些人看来丑恶的东西，在另一些人眼里却是美好的。"

从此以后，杰克专心作画，形成了自己的作画风格，逐渐在艺术界有了名气。

青少年学子们，你们也不妨审视一下自己，看看自己在遇到事情时是总能坚持自己的观点，还是经常被别人的看法和舆论所左右？如果你不能像杰克一样坚持自我，就请你好好反思一下，看看自己为什么如此在意别人的看法。

虽然每个人都希望自己能在别人心中留下一个好印象，可是任何一个人对我们的评价都不是绝对正确的。事实上，舆论是这个世界上最不值钱的商品，每个人都有一箩筐的看法，随时准备加之于他人身上。无论别人如何评价你，都只是他们单方面的说法，甚至有很多是没有经过认真思考的，根本不足以采信。更何况每个人都有自己的生活方式，我们不必为那一份没有得到的理解而遗憾、叹惜。如果我们总是过于在意别人的评价，甚至以别人的评判标准为指南，就会患得患失，最终丧失自己的原则和立场，这么一来，只怕我们一辈子都难成大事。

对于一切都尚未定型、一切都充满希望的青少年来说，你喜欢做什么，你在哪些方面有天赋，你天生是一个科学家还是一个画家，这些都不是由别人的标准决定的；你的一切都应当源于你的内在本质，你的本质是什么，你就可以成为什么样的人。而这一切，都只能靠你自己的内心和直觉来发现。

正如哈佛大学的一位教授所说的那样，无论做什么，你都应该对自己有一个清晰的认识，而不应该轻易被别人的见解所左右，以免你自身的个性和才华被淹没，你只需要听从自己内心的声音，做好自己就可以了，这才是你认识自己和事物本质的关键所在。

◎ **哈佛练习题**

回答下面的测试题，看看你是如何认识自己的。请以"是"或"否"作答。

1. 做事不能坚持到底。

2. 经常心神不宁和焦躁不安。

3. 不爱脚踏实地地工作，成天无所事事，而且爱发脾气。

4. 经常头脑发热，有盲从心理。

5. 好高骛远，不切实际，经常换工作。

6. 遇到事情好急躁。

7. 把恋爱当成好玩的游戏，从中寻找刺激，打发自己的空虚和无聊。

8. 求职时往往想着大城市、大企业、大单位，向往高收入、高地位，不能正确地评估自己的能力，结果处处碰壁。

9. 总是渴望和力求结识比自己优越的人，对不如自己的人则爱搭不理，希望从交往对象那里获得好处。

答案解析：

如果你的回答中至少有六个"是"，那么你无疑是一个比较浮躁的人，总是认不清自己。而如果你的大部分答案都是"否"，那么你不但沉稳，而且能够透彻地认识自己。

不奔跑，你怎么知道能跑多远

多数人的失败，都始于他们在做自己想做的事情时对自己的能力产生了怀疑。

——英国历史小说家、诗人　沃尔特·司各特

在遇到挫折或困难时，许多年轻人都习惯于否定自己，不敢向前跨出一步，还没有"出战"就被自己打败了。为了消除学生们的这种畏惧心理，哈佛大学的教授们曾经这样教导过他们："挫折和困难到底是不是真像它们看上去那样可怕，由你自己决定。如果你勇敢地面对它，并且主动迎上去跟它交手，就可以知道它的实力，进而战胜它。虽然最终也有可能会失败，但是如果你'不战自退'，那么结果就只有失败。"

一般来说，想象中的困难确实要比实际的困难大得多，而且你越是怕它，它就越强大。如果你不主动迎接挑战，只是胆怯地想象着它有多可怕，那么你必将被各种"伪困难"包围，认为这个世界充满了困难，以至于不敢继续前进。可是，如果你直面一切挫折和困难，迈开脚步努力走出逆境，那么挫折和困难就会为你让路。

1917 年 10 月的一天，美国堪萨斯州洛拉镇一间小农舍里的炉灶突然爆炸了，当时屋里只有一个八岁的小男孩，他的身体不幸被严重灼伤。他的父母及时赶来，把他送进了医院。医生看了看他的伤势，无奈地告诉他的父母："这孩子的双腿伤势太重，恐怕以后再也不能走路了。"

　　面对这个令人难以接受的事实，已经对人生有了粗浅认识的小男孩意识到了自己的不幸，但他并没有哭，也没有灰心，而是暗暗下定决心：我一定要重新站起来！

　　出院之后，无论是在床上还是轮椅上，他都会试图伸直双腿，累了就休息一会儿，然后接着练习。父母虽然心疼他，但是最终也被他的毅力感染，只要有机会，他们就会帮着他练习。一段时间之后，小男孩竟然可以下地了，但是还难以保持平衡，只能一瘸一拐地走路，而且走几步就会摔倒。又过了几个月，虽然拉伸肌肉经常让小男孩疼得说不出话来，但是他终于能够正常地走路了。经过长期坚持不懈的锻炼，小男孩腿上松弛的肌肉终于再次变得健康起来，他还立志要成为一名长跑运动员。

　　多年之后，小男孩长大成人，这时他的双腿已经和从前一样强壮，就像那次意外从未发生过似的。进入大学之后，他参加了学校的田径赛，他的参赛项目是一英里赛跑。从此以后，他的一生都跟长跑运动紧密地联系在了一起。

　　这个被医生判定永远不能再走路的小男孩，就是美国最伟大的长跑运动员之———格连·康宁罕。

　　这是生命的奇迹，也是信心的奇迹，更是钢铁般意志所创造的奇迹。精神的力量到底有多大？谁也说不清，但是有一点可以肯定，那就是"精诚所至，金石为开"。

　　虽然命运对格连·康宁罕是不公平的，但是格连·康宁罕凭借自己坚强的意志战胜了各种挫折和困难，以残障之躯奔跑在赛场上，打破了一个个世界纪录。

就像哈佛大学的教授们说的那样，只有勇敢地与挫折和困难交手，才能战胜它，如果不像格连·康宁罕一样勇敢地迎接挫折和困难的挑战，奋力"奔跑"起来，你又怎么会知道自己能跑多远？

◎ **哈佛练习题**

在遇到挫折或困难时不敢向前跨出一步，是因为对未知事物有一种恐惧心理。全球有1/4的人都存在不同程度的恐惧感，你的恐惧心理有没有严重到发展成为恐惧症？用"是"或"否"回答下面问题，测试一下你的恐惧程度。

1. 经常想到亲人会有不幸？

2. 有时担心会给自己或所爱的人带来伤害？

3. 经常检查灯和水龙头关好没有？

4. 在人群中受到推搡会觉得反感？

5. 有洁癖，多次反复地洗衣服和家具，经常洗手？

6. 老是对自己和自己所干的事不满意，尽管努力想干好？

7. 总是尽量提前离开有可能使你遭遇尴尬的境地？

8. 能轻易地做出困难的决定？

9. 觉得有一种做某种多余事的必要？

10. 经常觉得身上衣服有些不对劲？

11. 有过回家检查门窗是否锁好的情况？

12. 老舍不得扔掉已经没用的旧东西？

13. 老是在想自己不由自主地做过的事？

14. 重复说同一句话或数一些没必要数的东西？

15. 睡觉前会把衣服整齐码好？

16. 在干一些不重要的事时也很认真？

17. 周围的东西随时都要放在同一个地方？

18. 老是做一些无足轻重的动作？

答案解析：

计分标准：回答"是"记 1 分，回答"否"记 0 分，计算出总分。

测试结果：

0～5 分：恭喜你！你跟恐惧症沾不上边；

6～10 分：说明你患有轻度恐惧症，需要多给自己一些鼓励，以消除内心的恐惧；

11～15 分：说明你患有中度恐惧症，需要试着面对一些未知的事物，增强自己的信心；

15 分以上：说明你患上了严重的恐惧症，需要配合医生的治疗，逐步克服恐惧心理。

成功者只想自己要的，而非不要的

在一个人取得成功之前，他的言行总会被绝大多数并不聪明的人嘲笑，所幸他本人并不在意这些，而是照样不懈地努力，直至把嘲笑变成掌声。

——哈佛大学公共卫生学院副教授　贝恩·戴维斯

为了鼓励学生们勇敢地追求自己想要的成功，哈佛大学心理学教授亨利·霍夫曼在一次课堂上对他们说过这样一句话："你是否快乐或痛苦，不完全取决于你得到了什么，更多地在于你用心感受到了什么。"也就是说，你心里的想法决定着你对外界事物的体会。

接着，亨利·霍夫曼说起了蛤蟆比赛这个故事，以便学生们能够更加深刻地领会自己的意思。

一群蛤蟆在进行比赛，看谁先到达一座高塔的顶端。比赛现场有一大群蛤蟆在看热闹。

比赛开始之后，只听见围观者一片唏嘘之声："爬上塔顶实在太难了！只怕这些蛤蟆都无法到达终点。"一些参赛的蛤蟆听了，不禁泄了气，只剩下一小部分蛤蟆还在奋力向上爬。

围观的蛤蟆继续喊着："太难了！你们是不可能到达塔顶的！"还在坚持的蛤蟆听了这番话，几乎都认输了，于是纷纷停了下来，只有一只蛤蟆例外，它一如既往地继续向前爬着，好像根本没有听见大家的呼喊似的，只顾埋头前进。

最后，只有那只只顾埋头前进的蛤蟆以惊人的毅力坚持了下来，它竭尽全力爬上了塔顶，其他的蛤蟆全都半途而废。

比赛结束之后，围观的蛤蟆都好奇地看着那只获胜的蛤蟆，想知道它为什么能够到达终点，这才惊讶地发现——它竟然是一只聋蛤蟆！

亨利·霍夫曼教授对学生们说："这只聋蛤蟆听不见别的蛤蟆的议论，不知道爬上高塔的顶端有多艰难，只顾埋头前进，所以它最终如愿以偿。亲爱的同学们，你们呢？在追求自己的人生理想时，你们是不是也只想着理想而不顾其他？"

虽然每个人都渴望成功，并会为了成功而努力，可是在前进的道路上，我们往往容易受到别人的影响，开始懈怠甚至怀疑自己的能力，以至于最终半途而废。为了避免出现这种情况，我们应该向这只聋蛤蟆学习，并且时刻提醒自己："我有没有坚持自己的理想，并像这只聋蛤蟆一样只顾埋头向着理想进发？"

许多人之所以没有坚持到最后，就是因为他们的思想被其他事物所左右，一时忘记了自己的理想。比如，许多人可能都产生过这样的想法："我想让自己的成绩提高 20 分""我想一个月减掉五斤体重""我想明天提早半小时起床"……可是，当别人告诉他，要做到这些实在太难了时，他们就动摇了，气馁了，放弃了。其实，要让这些想法变成现实并不难。许多人之所以没能做到这一点，就是因为他们过于关注那些可能的障碍，而没有坚持不懈地努力，自然没有办法将所有的"我想"一件一件地变成现实。

就像亨利·霍夫曼教授在最后所说的那样："在追求成功的道路上，我们应该排除一切杂念，不断地'想'成功，始终与'想要成功'这一心愿发起时的状态相连。只有做到这一点，我们才有可能成为见证自己成功的人！"

◎ **哈佛练习题**

许多人的失败都可以归咎于缺乏恒心。你能坚持不懈地追求自己的目标，而不考虑外界因素的干扰吗？做下面这项测试题了解一下你的真实情况。请以"是""不确定"或"否"作答。

1. 你能坚持排队大半天在影剧院门前等候一场你向往已久的电影？

2. 你有足够的耐心训练自己成为一名高尔夫球手或网球手？

3. 假如餐厅前排有一个长队，你会去别处就餐？

4. 你打电话给别人，可是打了几次都没有接通，这时你会放弃？

5. 即便是自己喜欢的事，你也难以多年如一日地去做？

6. 辩论中，你一定要说最后一句话？

7. 你能独自一个人几小时地玩填字游戏？

8. 在别人眼里，你是不是"顽固不化"的人？

9. 你想买一样东西，可是跑了很多家店都没有买到，只剩下很远的一家店还没有去过，这时你还会去？

10. 在遇到既困难又烦琐的事情时，你会不耐烦？

11. 人们认为你的观点常常是很容易改变的？

12. 你花费很多心血去做一件事，最终却功亏一篑，这时你是否会重新开始？

13. 你邀请别人一起出门，对方谢绝了，这时你依然坚持邀请他？

14. 假如你连续考了两次都没有通过某项考试，这时你会放弃吗？

15. 你是否有耐心花一整天的时间去修理一件物品？

答案解析：

评分标准：第1、2、6、7、8、9、12、13、15题回答"是"记5分，回答"不确定"记3分，回答"否"记1分；其余的题目回答"是"记1分，回答"不确定"也记3分，回答"否"记5分。计算出总分。

测试结果：

30分以下：你耐心有限，不够执着，常常因为种种理由而改变自己的初衷，但是你善于听取大家的意见，并做出相应的选择，也许很快就能找到一条最便捷、损失最小的解决问题的途径。不过，也正是受这种性格的影响，你有时候会给人留下缺乏主见的印象。其实，只要你认定某一件事是正确的，你就应该坚持下去，绝对不要轻易动摇。

31～60分：你经常在坚持与妥协之间寻求平衡。当你意识到自己无法坚持到底时，你会听取周围人的意见，选择一条更切合实际的路去走。这并不意味着降低你的个人标准，而是说明你很灵活、懂得变通。

61分以上：你坚韧执着，有很好的耐心，一旦下定决心就很难动摇。在学习、工作上，你是一个埋头苦干的人，而且有自己的想法，并能坚持到底。不过，在现实生活中，你却表现得有些专横、固执。你应该学会听取别人的意见，谦虚、谨慎一点，这对你的人生是很有帮助的。

第四章　You are your own belief：我相信，我一定能做到

做独一无二的自己，像王者那样自信

每一个人都是自己的个性工程师。

——哈佛大学设计学院建筑学硕士　安德鲁·杰克逊

作为世界公认的顶尖高等教育机构之一，哈佛大学培养出了八位美国总统和数十位诺贝尔奖获得者，在文学、医学、法学、商学等多个领域都拥有崇高的学术地位和广泛的影响力。哈佛人之所以能够在许多领域都取得非凡的成就，其中一个重要原因就在于他们十分注重培养良好的个性。

良好的个性就像花园里的各种花草树木。一座花团锦簇的花园，其中既要有富贵的牡丹、娇艳的玫瑰，也不能缺少在墙角悄悄绽放的鸢尾。即便是一盆长满刺的仙人球，或是一株不起眼的小树，也有着其他花草树木无法比拟的独特魅力，如果少了它，这座花园就会缺少一种美。

一座果园里种着苹果树、橘子树、梨树、橡树等树木，围墙边上还种着美丽的玫瑰花。

有一棵小橡树整天都愁眉不展的，这个可怜的小家伙一直被一个问题困扰着——它不知道自己是谁。

苹果树对小橡树说："如果你真的尽力了，一定会结出美丽的苹果。你瞧，结出苹果对我来说根本不算什么难事，你还需要更加努力才行。"小橡树听了苹果树的话，伤心地想："我已经很努力了，比你们想象得还要努力，可就是不行。"

玫瑰花对小橡树说："别听它的，开出玫瑰花来才更容易，你看我多漂亮！"小橡树失望地看着娇嫩欲滴的玫瑰花，也想和它一样，但是它越想和别人一样，就越觉得自己很失败。

一天，一只百灵鸟飞进了果园，它看到众果树都欢天喜地的，只有小橡树闷闷不乐，就上前打听是怎么一回事。听了小橡树的倾诉之后，百灵鸟对小橡树说："你的问题并不严重，我告诉你怎么办。你记住，你就是你，永远都无法也没必要变成别的事物，更不必把生命浪费在变成别的事物希望你成为的样子，你要试着了解自己，做你自己。从现在开始，你就要聆听自己内心的声音、发展自己的个性。"说完，百灵鸟就飞走了。

小橡树听了百灵鸟的这番话，百思不得其解。第二天清晨，第一缕阳光照射到小橡树身上，一滴露水从树梢的一片叶子上落到石板路上，在小橡树的脚边发出清脆的声音。刹那间，小橡树茅塞顿开，听到了自己内心的声音："你永远都结不出苹果，因为你不是苹果树；你也不会每年春天都开花，因为你不是玫瑰。你是一棵橡树，你的命运就是要长得高大挺拔，供鸟儿栖息，给游人遮阴，让你周围的环境变得更美丽。你有属于你的独特使命，去完成它吧！"

小橡树顿时觉得心情好了很多，浑身充满自信。它努力地生长，很快就枝叶扶疏，成了一棵大树，为果园里的幼苗遮风挡雨，成了鸟儿的天堂，最终赢得了大家的认可和尊重。

我们可能都曾经像这棵小橡树一样迷茫过，在这种时候，要提醒自己，那些有所成就的人往往并非有多高的智商或多好的机会，而是信心十足地将他们的良好个性发挥到了极致。

良好的个性就像各具特色的花草树木，它们共同构成了人这个丰富多彩的个体，不但是体现一个人人格魅力的重要方面，还会影响到人们的学习、事业等活动。

哈佛大学设计研究生院的玛格丽特·史密斯教授虽然相貌相当普通，可是她的声音非常独特，赋予了她迷人的个性魅力。她的声音清脆圆润、充满活力，就像从干涸的地面上喷涌出来的一股清泉，能够浸润人心，令人无法抗拒。因此，无论她走到什么地方，只要她一开口说话，人们无不用心倾听。也正因为如此，她才意识到自己的优点，逐渐变得自信起来，积极地面对生活、学习，最终成为哈佛大学的一位著名教授。

一个外貌出众、才华横溢的人固然占有一定的优势，但是其良好的个性品质往往更能显示出其独特的魅力。一个充满个性魅力的人，会使人忍不住想要靠近他；相反的，一个人即便再怎么漂亮，如果只会人云亦云，而没有独特之处，也难以令人对他保持兴趣。

因此，无论如何，我们都不应该被世俗的偏见和审美观点束缚，随波逐流，放弃了自己的独特性，而应该像哈佛人那样，全面地接受自己，时时不忘正视并培养良好的个性，活出精彩的自己。

◎ 哈佛练习题

每个人的个性都不相同，也正是这些千差万别的个体才组成了我们身边这个丰富多彩的世界。你具有什么样的个性呢？请做下面这道题来测试一下。

在跟朋友讲话时，对方表现出不耐烦的样子，甚至把头扭向一边，这时你会（　）。

A. 继续讲，不管对方是否在听　　B. 闭上嘴巴，把想说的话憋回去

C. 草草结束，不再赘言　　　　　D. 要求对方认真听

答案解析：

选择 A：你是一个很要面子的人。你认为把没有说完的话憋回去是非常痛苦的，而且很丢人，可是你又觉得跟对方吵架是一件令人难堪的事情，

所以你就采取了半压抑半转移的策略：即使对方不想听，你也会继续说下去，至少要讲一个段落才会停下来，挽回一些面子。

选择 B：你是一个害怕得罪人的人。即使别人故意让你下不来台，你也会把苦水吞下去，自己难过。你抵御敌人攻击的方法是逃避，而这么做对你没有任何好处，只会让别人暗自嘲笑你。如果你足够自信，就不应该因为别人的反应而妄自菲薄。

选择 C：你对自己的人际关系非常没有信心。在你看来，没有人听你讲话是一件很丢人的事情，你草草结束你的话，只是在给自己找一个台阶下而已，以保全自己的面子。

选择 D：你是一个自尊心强而又很有个性的人。即使对方是故意挑衅，你也不会惧怕他。你的敌我意识很强，随时保持着警戒状态，容不得别人侵犯你，也不会给别人任何攻击你的机会，很容易跟别人大打出手。

把自卑还给上帝

对凌驾于命运之上的人来说，信心是命运的主宰。

——哈佛大学拉德克利夫女子学院毕业的美国女作家　海伦·凯勒

在我们身边，许多人都把自己想得太卑微。他们经常会产生这样的念头："唉，只怪我能力太差！"这种自卑心理，不但会使他们对自己失去信心，还会令他们不愿意与他人交往；或是使他们在与他人打交道时过于敏感、自尊和自傲；抑或是使他们跟随大流，与他人保持一致，以取悦他人，而不能全身心地投入到学习或工作之中。总而言之，长期感到自卑的人，最终会逐渐形成敏感多疑、胆小孤僻等不良的性格，精神上也将承受极大的折磨。一个人的自卑感越是强烈，他的内心也越痛苦。

不过，在哈佛学子身上，我们却看不到自卑的影子。他们普遍认为，每个人都有自己独特的价值，有什么理由自卑呢？我们应该把自卑还给上帝！如果一个人总认为自己不行，总是自我否定，无论做什么事都畏首畏尾，不敢去尝试，那么他就永远也不会有进步的机会，自然也难以实现自己的理想；只有摆脱了自卑心理，并注意发现自己的优点，逐渐树立起自信心，我们才会获得真正的快乐，一往无前地追求自己的理想。

法国作家大仲马在成名之前曾经过着穷困潦倒的生活。

这一天，大仲马到巴黎去拜访他父亲的一位老朋友，想请他帮忙给自己找一份差事。那位老伯问他："你有什么特长？"

"我没有什么特殊的技能。"大仲马诚实地回答。

"那你地理学得怎么样？"

"懂一点点而已。"

"化学或文学呢？"

"也只懂得皮毛。"

"那么你了解法律吗？"

"很抱歉……我一无所长……"大仲马窘迫地说，直到这时，他才发现自己的无知。

就在他正准备告辞时，老伯对他说："把你的住址留下吧。"大仲马写下了自己的住址。老伯看了看他的字，顿时眼睛一亮："你还是有一样长处的——你的字写得很漂亮！"

像大仲马这样一位享誉世界的大作家，也曾经认为自己一无所长，幸好那位老伯发现了他的一个小小的长处——字写得很好，这才让他找到了自信并奋发向上，最终成了一个大文豪。成名之后，大仲马不禁深有感触地说："妄自菲薄是没有任何益处的自我贬低。事实上，每个人身上都有闪光点，无论这个闪光点是多么的微不足道，它也是一个优点，只要你善于发现，就能从自己身上挖掘出更多的优点，使自己变得越来越有自信。"

由此可见，自卑心理虽然很普遍，但是并不可怕，它是可以战胜的，就像哈佛大学的学子们所认为的那样，只要我们保持自信，就能够迎来灿烂的人生。

◎ 哈佛练习题

沉重的自卑心理会使人心灰意冷、无所事事，因此，找到产生自卑的原因并努力克服它就显得尤为重要。下面这些测试题可以帮助你解决这个问题。

1. 你的身高与你周围的人相比如何？

A. 相当低 　　　　 B. 差不多 　　　　 C. 高

2. 每次照镜子时，你都是怎么想的？

A. 要是我能再漂亮一些就好了 　　　 B. 我要是打扮一下会更漂亮

C. 蛮不在乎

3. 看到你最近拍摄的照片，你有何想法？

A. 不称心 　　　　 B. 还可以 　　　　 C. 拍得很好

4. 如果有来生，你想做男人还是女人？

A. 不想再做男人（女人） 　　　 B. 什么都行，男女都一样

C. 跟现在一样

5. 你是否想过五年、十年之后会有什么使自己极为不安的事情？

A. 常想 　　　　 B. 没想过 　　　　 C. 偶尔想

6. 你受朋友的欢迎和爱戴吗？

A. 不受欢迎和爱戴 　　　 B. 不清楚 　　　 C. 受欢迎和爱戴

7. 你被身边的人起绰号或挖苦过吗?

A. 常有　　　　　　　B. 偶尔有　　　　　　C. 没有

8. 假如有比你帅气(漂亮)的小伙子(姑娘)正在追求你迷恋的对象,你会怎么办?

A. 灰心丧气　　　　　　B. 毫不在乎,一如往常

C. 向那位小伙子(姑娘)挑战

9. 体育运动后,你有过"反正我不行"的想法吗?

A. 常有　　　　　　　B. 偶尔有　　　　　　C. 没有

10. 你有过在某件事上绝不亚于他人的自信吗?

A. 没有　　　　　　　B. 不是特别之事就不在意

C. 有一两次

11. 寂寞或烦恼时,你会怎么办?

A. 一个人沉浸在其中　　B. 向朋友或父母诉说

C. 设法忘记

12. 被朋友或同事称为"不知趣的人"或"蠢东西"时,你有什么反应?

A. 难过地流泪　　　　　B. 回敬他"笨蛋,没教养的"

C. 不在乎

13. 如果碰巧听到朋友正在说你所尊敬的人的坏话,你会怎么办?

A. 担心会不会是那样　　B. 不管闲事

C. 断然反驳说:"根本没那种事!"

14. 如果无论怎么努力,你在某项工作(学习)上都会输给竞争对手,那么你会怎么办?

A. 觉得自己不行,只好认输

B. 继续挑战,今后加把劲干

C. 从其他学科上竞争取胜

答案解析：

评分标准：选择 A 记 5 分，B 记 3 分，C 记 1 分，将每题的得分相加，计算出总分。

测试结果：

14～29 分：环境变化造成的结果。你是一个乐天派，对自己的才能充满信心。只有在环境产生变化，比如你刚刚进入一个人才济济的单位时，你才会产生自卑感。

30～44 分：理想过高造成的结果。你不满足于现状，希望出人头地，总是追求不切实际的目标，而且经常跟周围的人计较胜负，所以容易陷入自卑感中不能自拔。

45～60 分：过早断定造成的结果。在不了解周围的真实情况时，你有先入为主的观念，经常过早地断定自己不如别人。

61～70 分：性格懦弱造成的结果。你经常用消极悲观的眼光看待事物，对自己的体形和外貌缺乏自信。

跨越缺陷，你可以做得更好

你们认为我是命运之子，只能任由命运摆布，实际上我却在为自己创造新的命运。

——哈佛大学毕业的美国思想家、文学家　拉尔夫·沃尔多·爱默生

毕业于哈佛大学的西奥多·罗斯福是美国历史上最年轻的在任总统，

他因政绩而成为美国历史上最伟大的总统之一，备受世人敬仰。如果没有人提及，也许许多人都难以想象像他这样一位伟大的总统也有严重的生理缺陷。不过，这些缺陷最终都被他一一跨越过去了。关于他跨越自身缺陷的故事，激励着许多哈佛学子。

西奥多·罗斯福小时候患有气喘病，而且非常胆小，在学校时总是一副惊恐不安的样子。每次老师点名要他回答问题，他都会双腿发抖，嘴唇也颤动不已，说起话来根本听不清晰，经常有同学因此嘲笑他。

虽然如此，但是罗斯福并没有沮丧，他比谁都清楚自己的生理缺陷，也从来不欺骗自己，更不服输，他要用行动来证明自己可以跨越先天的障碍。

为了使自己的嘴唇不颤抖，他在说话时总是咬紧自己的牙床。他喘气的习惯，变成了一种坚定的嘶鸣声。凡是他能克服的缺陷，他都努力克服；如果是不能克服的缺陷，他就加以利用。逐渐的，他学会了在演讲中运用种种方法巧妙地掩饰他那无人不知的暴牙，以及他那打桩似的姿态。

经过长期的练习，虽然他的演讲并不具有惊人之处，但是他并没有因此而遭受失败，反而成了当时最有影响力的演说家之一，最终成长为美国历史上最伟大的总统之一。

到他晚年时，已经很少有人知道他曾经有过严重的生理缺陷。

虽然明知自己有缺陷，但是罗斯福没有气馁，反而跨越了它，登上了事业的巅峰。

除了西奥多·罗斯福之外，还有许多伟人也有缺陷，比如贝多芬的失聪、霍金的肌肉萎缩……人无完人，任何人都或多或少地有身体、性格或生活方面的缺陷或不足，但是这些并不可怕，可怕的是我们不敢承认和面对它们。当许多人都习惯性地把自己的缺陷或不足掩藏起来时，真正的伟人却敢于承认和面对并主动将它们展示出来，但不是为了让自己蒙羞，而是为了全面地认识自己，进而找到跨越它们的方法，让它们带领自己去创造辉煌。

不要苦恼，不要害怕，不要自卑，也不要抱怨，因为这些并不能改变什么，只有像西奥多·罗斯福、贝多芬、霍金等人一样敢于正视自己的缺陷和不足，才能从中获得坚忍的力量，不断充实自己，最终凌驾于这些缺陷和不足之上。

更何况这个世界上的事情都不是绝对的，如果你用心观察，就会发现在某方面有缺陷未必是一件坏事，只要扬长避短或善加利用，劣势也会转化成优势，给你带来意想不到的惊喜。比如，在嘈杂的环境中，耳聪目明的人可能会变得心浮气躁，而耳聋的人却可以保持平和的心态。

总之，你的缺陷或不足并不一定只有坏处，也许它正是督促你奋进的契机，最终能够给你带来福音。与其总是被自身的缺陷或不足困扰，不如想办法将它转化成一种优势。只要你自己不把自己埋没，只要一心想着闪光，总有闪光的那一天。

◎ 哈佛练习题

想要成功，就要从多方面培养自己的素质，可我们并不都是全才，总有些不尽如人意的地方甚至是缺陷。要想跨越成功的门槛，你还需要什么能力？请做下面的测验。

假如有机会拥有一种超能力，你最想要哪一种能力？

A. 自由飞翔的能力　　B. 透视能力　　C. 意念控制能力

D. 预知能力　　E. 瞬间移动能力

答案解析：

你所选择的能力，正是你的潜意识里最缺乏的那种能力。

选择 A：你的潜意识中缺乏"翻手为云，覆手为雨"的魄力，需要放下心理负担，赶紧行动。也许你距离成功并不远，但是你内心深处对成功的渴望反而让你产生恐惧和怀疑：我真的成功了吗？不过，你的谨慎也是一般人无法企及的。

选择 B：你的潜意识中缺乏应对人际关系的能力。可能你总是看不透人性险恶的一面，所以你希望自己有一双慧眼，把一切都看得清楚明白。你需要提升自己的魅力和影响力。

选择 C：你的潜意识中缺乏毅力、耐性，需要增强意志力。你成功的最大阻力就是缺乏坚强的意志力，在拥有了这种能力之后，你最想控制的对象也许就是你自己。

选择 D：你的潜意识中缺乏经济能力。金钱上你可能出现了一点问题，所以你想找一条捷径来摆脱目前的困境，比如中大奖。慢慢来吧！

选择 E：你的潜意识中缺乏体力，而且你对速度有很强的欲望。你要多注意自己的身体了，可能会有一些挺麻烦的毛病将要或者正在困扰着你，如果你的预感很准的话，就赶紧去看医生吧。除此之外，你还需要多加锻炼，让体魄强健起来。

把自己从一无是处的错觉中拉出来

要想引起别人的重视，你首先要重视自己。

——哈佛大学法学院法学学士　艾迪·里奇

文森特·罗伯茨是哈佛大学的一位心理学教授。这天，他接到了一位上高中的姑娘打来的电话。

这位姑娘跟文森特·罗伯茨谈起了她的学业、人际关系，还有她和父母的相处之道，最后说道："我真的什么都不行！"

文森特·罗伯茨教授听了她的话，明显能够感觉到她内心的压抑和痛苦，就问她："情况真的这么糟糕吗？"

"是的。我和同学的关系非常不好，大家都不喜欢我。我的学习成绩一般，所以老师们对我也视而不见。妈妈把希望寄托在我身上，我却无法满足她的愿望。我喜欢的男孩不再喜欢我了，我的生活里没有阳光……"这位姑娘好像对什么都失去了信心。

"那你为什么要打这个电话？"文森特·罗伯茨教授追问，他暗自庆幸她还没有把自己封闭起来。

"不知道，也许只是想找个人倾诉一下吧！"姑娘继续说，"我不善言辞，不会跟人打交道，不想上学，什么都不懂……"

文森特·罗伯茨教授感到非常纳闷，他不明白一个年纪轻轻的姑娘，为什么把自己说得一无是处。经过进一步的交谈，文森特·罗伯茨教授终于知道了产生这一问题的根源——缺乏鼓励。原来，这位姑娘的父母都是老师，对她要求很高，经常指出她的缺点和不足，当她无法达到他们的要求时，他们往往一起批评她，久而久之，她就失去了自信，总是认为自己一无是处。

为了让这位姑娘重新恢复自信，文森特·罗伯茨教授说了几句鼓励和肯定她的话，并指出了她的许多优点：声音悦耳、很有礼貌、很懂事、做事很认真、语言表达能力强……

"你看，我们才聊了一会儿，我就发现你有这么多优点，你怎么能说自己什么都不行呢？"文森特·罗伯茨教授说。

"这些也能算优点吗？从来没有人这样跟我说过！"姑娘惊讶地说。

"你可以一条一条地写下自己的优点，然后每天大声念几遍。要是发现了新优点，也要加上去。慢慢的，你就能够找回自信了。"

姑娘愉快地答应了，然后放下了电话。

第二天上课时，文森特·罗伯茨教授向学生们说起了这件事，语重心长地对他们说："在我们身边，可能有很多人都像那位姑娘一样，总觉得自己什么都不行。在听了今天这堂课之后，我希望你们能够坚决抵制并且彻底打消这种消极的念头，无论什么时候，无论做什么事情，都不急于否定自己……"

在我们身边，的确有人经常说"我不能""我不行"……有些人甚至把这些否定自己的话当成了口头禅。难道他们真的一无是处吗？事实并非如此，只是因为他们过于自卑，或是对自己的要求过高，因而看不到自己的优点而已。经常把"我不行""我不能"挂在嘴边，是一种相当愚蠢的做法。因为，认为自己"不行"会给自己一个消极的心理暗示，而心理暗示的作用是巨大的，它会深入你的意识之中，逐渐变成一种潜意识，时间一长，你就会变得真的"不行"，并因此而出现郁郁寡欢的现象，甚至因为害怕别人看不起自己而出现自闭倾向，失去与外界的联系，无法享受到与人交往的乐趣。

如果我们能够像文森特·罗伯茨教授说的那样，无论在什么情况下都不否定自己，而是及时把自己从一无是处的错觉中拉出来，时刻充满信心，并能变换角度来看待这个世界，那么很多问题都可以迎刃而解，成功也将不再遥远。

◎ 哈佛练习题

克服了"我不行"的自卑心理，才容易实现自我。做下面这项测试题，看一看你的自我实现如何。请根据你的实际情况回答下面的问题，并且分别从 A（不同意）、B（比较不同意）、C（比较同意）、D（同意）这四个选项中选择一项作为你的答案。

1. 我不为自己的情绪特征感到丢脸，我会表现得很平静。

2. 我觉得我必须做别人期望我做的事情，而且要得到对方的认可。

3. 我相信人的本质是善良的、可信赖的，邪恶这一本质只是后天环境造成的。

4. 我觉得我可以对我所爱的人发脾气，以达到发泄的目的。

5. 别人应该赞赏我做的事情，这样能让我感觉自己被尊重了。

6. 我不能接受自己的弱点，一定要改正它。

7. 我能够赞许、喜欢他人。

8. 我害怕失败，不敢面对失败，有时甚至还会逃避它。

9. 我不愿意分析那些复杂问题，而是把它们简化。

10. 做一个自己想做的人比随大流好。

11. 在生活中，我没有明确的、值得我为之献身的目标。

12. 我恣意表达我的情绪，不管后果怎样。

13. 我没有帮助别人的责任。

14. 我总是害怕自己不够完美。

15. 我被别人爱是因为我对别人付出了爱。

答案解析：

评分标准：第 2、5、6、8、9、11、13、14 题选择 A 选项记 4 分，B 选项记 3 分，C 选项记 2 分，D 选项记 1 分；其余题目选择 A 选项记 1 分，B 选项记 2 分，C 选项记 3 分，D 选项记 4 分。把 15 道题的分数相加，计算出总分。

测试结果：分数越高，说明在你人生的某个阶段越有可能达到自我实现的目的。

保持自信，就不会错过每一个机会

要有自信，然后全力以赴。怀着这种劲头，任何事情十有八九都能成功。

——社会生物学奠基人、哈佛大学生物学博士　爱德华·威尔逊

哈佛大学的教育理念认为："一个人可以相信别人，但首先最应该相信的人就是他自己。能力并不是决定一个人一生成败的唯一关键因素，只有相信自己很优秀的人，才能向成功迈出第一步，并为它付出不懈的努力。如果你不甘平庸，就要摆脱自卑和自我怀疑的心理，把自己当成造物主最伟大的杰作，当成自己成功人生的缔造者。"在这种教育理念的影响下，哈佛大学的学子们从迈入大学校园的那一天起就信心十足地把自己当成了未来的冠军。也正是因为这份自信，他们才得以在自己的人生道路上把握住了一次又一次机会。

约翰·肯尼迪之所以能够成为总统，既不是因为他的年轻英俊、风趣幽默；也不是因为他毕业于哈佛大学；而是因为他的自信。即便是在局势混乱的年代，他也依然能够保持自信，这给美国民众带来极大的希望和勇气，也正因为如此，他才抓住了一次次机会，最终坐上了总统的宝座。在跟一位家族成员聊天时，他曾经风趣地说："在我看来，除了当总统，我什么也干不了！"可见自信在他的政治生涯中发挥了多大的作用。

许多事业有成的人，也像哈佛学子一样相信自己。也正因为他们非常

自信，所以他们才得以一步步走向成功。

乔伊·李·托马斯是一名出色的新闻记者，曾经获得过著名的普利策新闻奖。然而，就是这样一位富有才华的人，却曾经因为自己是黑人而产生过强烈的自卑。

在人们问到乔伊的童年经历时，乔伊说："我父母都是体力劳动者，我小的时候一直过着清苦的生活。那时，我父亲是一名水手，他每年都要往返于大西洋各个港口之间。我一直认为，像我们这样卑微的黑人，是不可能有什么出息的，也许我这一生都会像父亲一样漂泊不定。"

乔伊十岁那年，父亲带着他去参观凡·高故居。乔伊看着凡·高曾经坐过的那张吱嘎作响的小木床，还有凡·高曾经穿过的那双龟裂的皮鞋，好奇地问父亲："凡·高不是著名的大画家吗？难道他活着的时候并不是富翁？"父亲回答："凡·高的确是著名的大画家，但是他同时也像我们一样贫穷，而且是一个连妻子都娶不上的穷人。"

第二年，乔伊跟随父亲来到丹麦，参观了童话大师安徒生的故居。站在安徒生那狭小、简陋的故居里，乔伊再一次困惑地问父亲："安徒生不是生活在皇宫里吗？这里的房子跟皇宫可差远了。"父亲回答："安徒生出生于一个贫寒的鞋匠家庭，童年生活贫苦，生前一直住在这栋残破的阁楼里，皇宫只出现在他的童话故事中。"

从此以后，乔伊彻底改变了自己的人生观。他不再自卑，不再以为只有那些有钱、有地位的人才会出人头地，而是深信自己也完全可以有一番成就。正是凭着这种自信，他才克服了一个又一个困难，最终走上了事业的巅峰。

在谈及对人生的领悟时，他说："我庆幸自己有一位好父亲，他让我认识了凡·高和安徒生，而这两位伟大的艺术家又告诉我，一个人能否成功，与贫富毫无关系，只要你对自己充满信心，唤起心中的激情，就可以像那些伟人一样取得令人瞩目的成就。"

自信就像一盏明灯，可以把处于"黑暗"之中的人引向光明。一个人只有充满自信，才能爆发出惊人的力量，发挥出自己的真实水平，抓住一个又一个机会，最终走向成功。

相反，一个缺乏自信的人往往以虚弱的面貌示人，因而也就把到手的机会让给了别人，因为人们总是相信那些能够自信地展示自己的强者。比如有些人无论做什么事都爱说"我做不到"，总是一副垂头丧气的样子，让人恨不得一棒子打醒他们，让他们自信起来。

哈佛大学教育学院的马丁·特纳教授告诉学生："如果你认为自己是一株小草，那你必将是一株小草；如果你认为自己是一棵大树，你就有可能成长为一棵大树。坚信自己能够成功，是成功的最深层动力，这种动力甚至可以让宇宙为你创造成功的条件。"这番话不无道理，值得那些不自信的年轻人借鉴。

◎ **哈佛练习题**

你是一个自信的人吗？请根据你的实际情况，对下列问题回答"是"或"不是"。

1. 你是否经常翻看自己的照片？

2. 你是否能坦然地接受别人的批评？

3. 你能欣然接受别人的赞美？

4. 你总是对别人说真话？

5. 只要决定做什么事，即使没有人支持，你仍然会去做？

6. 你认为你能沉着地面对灾难？

7. 你认为自己很有魅力？

8. 你能把你的衣服搭配得很漂亮、很有品位？

9. 你不经常希望自己长得像某某人？

10. 你不能与别人很好地合作？

11. 你不会羡慕别人的成就？

12. 你有幽默感？

13. 如果店员的服务态度不好，你会向老板反映？

14. 如果想买性感内衣，你会尽量亲自到店里去，而不是邮购？

15. 参加晚宴时，如果很想上卫生间，你会不会等到宴会结束时再去？

16. 你认为你是绝佳的情人？

17. 你总认为自己能比别人做得好？

18. 在聚会上，尽管只有你一个人穿得很随便，但是你仍会感到很自然？

19. 你觉得自己是个受欢迎的人？

20. 你对镜子中的自己很满意？

21. 危急时，你很冷静？

22. 你认为自己不是寻常人？

23. 不管他人难过与否，你都不会放弃自己喜欢做的事？

24. 你个性很强？

25. 你不经常跟人说抱歉，即使在你错了的情况下？

26. 你希望自己具备更多的才能和天赋？

27. 你记性很好？

28. 如果是无意让别人伤心的，你会无所谓？

29. 你反感他人来支配你的生活？

30. 你不勉强自己做很多你不愿意做的事？

31. 你不希望听取别人的意见？

32. 你每天照镜子超过三次？

33. 你认为你的优点比缺点多？

34. 在聚会上，你经常等别人跟你打招呼？

35. 你不会遵从别人的意见去选择衣服？

答案解析：

评分标准：回答"是"记1分，"否"记0分，并计算总分。

测试结果：

20～35分，表明你很自信，而且清楚自己的优缺点，但也容易给别人留下自大、狂妄甚至嚣张的印象。在别人面前，你不妨谦虚一点。

9～19分，表明你比较自信，但有时还是不免会怀疑自己。既然你知道自己并不比别人差，为什么还是没有安全感呢？相信自己，你会做得更好！

8分以下，表明你总是不相信自己，总是自我压抑，过于谦虚，因此经常受人支配。从现在起，你要善于发现自己的优点，尽量不去想自己的弱点。你只有重视自己，发现自己的可贵之处，别人才会注意到你。

永远不要对自己说"NO"

信心与能力通常是齐头并进的。每一个追求卓越的人，都必须全力以赴地面对人生的每一个难题。

——哈佛大学毕业的美国第32任总统 富兰克林·罗斯福

哈佛大学心理学教授欧文·格利菲斯·埃文斯曾经说过这样一句话：

"任何限制都是从自己的内心开始的。当自己不再相信自己，将自己的勇气和信心都锁进心门里时，我们就再也不能兑现我们心中那积极向上的誓言了。"我们要想按照自己的人生意愿前进，就要全面地认识自己，敢于对自己说"NO"，打破心中的枷锁。

一位撑竿跳高选手一直无法超越某个高度，这令他非常苦恼。

这一天，他觉得自己实在撑不下去了，就失望地对教练说："我根本跳不过去。"

教练问他："你心里是怎么想的？"

他回答："我一冲到起跳线，看到那个高度，就觉得我跳不过去。"

教练告诉他："你一定可以跳过去。把你的心从竿上撑过去，你的身子就一定会跟着过去。"

他在心里反复想着、揣摩着教练的那句话，深吸了一口气，撑起竿又跳了一次，果然一跃而过。

我们就像那个撑竿跳高选手一样，只不过我们需要跳过去的是"我不能"的精神障碍。很多人的"我不能"都不是客观上的原因，而是像那个撑竿跳高选手一样，是因为自卑，是因为没有正确地认识自己的力量。

不过，在这个世界上，没有什么是不可能的。既然那个撑竿跳高选手能够突破自我，你也一定可以。只要你有智慧、有毅力，有让人敬重的优秀品质，敢想、敢闯、敢于向"不可能"挑战，就有可能征服那些令人望而生畏的"不可能"。

哈佛大学的一项研究表明，在通常情况下 2，一个人所发挥出来的能力只占了他个人总能力的 1/10，只有在受到严重的挫伤和刺激之后，其潜在的能力才会爆发出来。比如我们身边的一些人原本大多没什么本领，可是在经历了一些磨难或是精神上的折磨等重大变故之后，却突然能力大增，令人不得不刮目相看，可见许多事情并不是"不可能"，只是因为人们还没有发现自己的潜能而已。

还有一些人总喜欢拿自己的经验做论证："我没什么经验，做不了这件事。"但经验本身是微不足道的，有时还具有欺骗性。人必须遭遇未知的体验，才能发掘其潜能。其实生存的真正喜悦正在于能够经常发现自己身上的新力量，并惊讶地说出："原来我竟具有这种力量。"

如果你曾经认为自己浑身都是缺点，或者总是自以为很笨拙，抑或是承认自己绝对不可能取得其他人所能取得的成就，那么请你现在就扔掉这些念头，坚信自己一定能行。一个人一旦充满了自信，他就会经常积极地暗示自己，告诉自己"我可以"，并努力发现自己的优点，将全身所有的力量都调动起来，充分发掘自己的潜能，最终把"不可能"变成"可能"，就像哈佛学子、成功学导师爱默生说的那样："相信自己能，便会攻无不克。"

◎ **哈佛练习题**

人人都应该肯定自己，而不是轻易就对自己说"NO"，但是肯定自己也要把握一定的尺度，不能过火，否则就是自恋了。你想知道自己有没有自恋的倾向吗？请回答以下问题。

1. 见到以下三款又平又亮的镜子，你会买哪一款？

A. 圆形、没图案的 　　　　B. 四方形、素净的 　　　C. 有花边的

2. 假如公司每年夏天都会举办以下活动，你会选择哪一项？

A. 滑水比赛 　　　　　　　B. 潜水比赛

C. 滑浪风帆比赛

3. 你照镜子时喜欢从哪个角度看自己？

A. 正面半身 　　　　　　　B. 正面全身 　　　　　C. 侧面全身

4. 逛街时，你朋友说去买彩票，等他之际，你会做什么？

A. 拿一本小说出来看 　　　　B. 透过路边的玻璃欣赏自己

C. 张望路人的一举一动

5. 如果要求你身上有一部分必须是红色，你会选择以下哪个部分？

A. 鞋　　　　　B. 背心　　　　　C. 皮带

6. 你说话时会习惯性地触摸自己身体的哪一部位？

A. 头发　　　　　B. 脸　　　　　C. 手指

7. 如果去日本旅行，你会选择以下哪一项活动？

A. 爬山　　　　　B. 购物　　　　　C. 泡温泉

8. 你有没有偏食的习惯？

A. 没有，什么都喜欢吃 　　　　B. 少许偏食

C. 严重挑食

9. 你喜爱养以下哪一种宠物？

A. 猫　　　　　B. 狗　　　　　C. 兔

10. 进了地铁，才知道手机忘在家里了，这时你会（　　）。

A. 下车回家里拿 　　　　B. 需要用的时候跟同事借

C. 没带就算了

答案解析：

评分标准：第1、3、4、5、7题选择A记3分，选择B记1分，选择C记5分；第2、9、10题选择A记5分，选择B记1分，选择C记3分；第6、8题选择A记1分，选择B记3分，选择C记5分。计算出你的总得分。

测试结果：

10～20分（自恋度0%）：自恋不足自卑有余。你需要学习如何去面对现实、开解自己，让自己变得自信起来。

21～30分（自恋度50%）：爱人又爱己。恭喜你！此类型的人，可以

说是最正常不过的。

31 ~ 50 分（自恋度 100%）：一生最爱是自己。追求完美的生活是你一直渴望的，你对人对己的要求都非常高，而且对白己的外貌、身材、才学各方面也非常自信，认为没有人能比得上你，觉得自己所做的一切都是理所当然的。你需要多为别人考虑，多关心别人一点。

第五章　情商——哈佛卓越人生的核心竞争力

哈佛 MBA 最重要的一课 : 情商

情商是人类寻找智慧以求成功的巨大发现。没有它的横空出世，我们将依然被智商说统治着。

——哈佛大学心理学教授　塞缪尔·兰登

"情商"是情绪智慧、情绪商数等心理学名词的简称，它是美国心理学家彼得·萨洛维和约翰·梅耶于 1990 年首次提出来的一个与智商相对的概念，指人在情绪、情感、意志等方面的品质，反映了一个人的直觉、信心、恒心、毅力、忍耐、抗挫折、合作精神等素质。情商这一概念一经提出，就在世界范围内掀起了一场智能革命，并引起了人们旷日持久的讨论。

1995 年 10 月，哈佛大学心理学博士、美国《纽约时报》专栏作家丹尼尔·戈尔曼出版了《情商》一书，把情商这一研究成果介绍给了大众，该书迅速成为世界范围内的畅销书。

为什么人们会如此重视情商呢？因为情商既是一种品质，也是一种觉察、评价和表达情绪的能力，简而言之就是一种情绪管理能力，它不但会激起我们一连串的生理反应，还会左右我们的想法和决定，对我们的人生具有非常重大的影响。那些情商高的人，往往具有很强的情感管理能力，人际关系和社会适应能力也比较好；而那些情商低的人则相反，他们经常会被自己的情绪所左右，所以人际关系往往比较紧张，社会适应能力也很差。随着人类对自身能力认识的深入，越来越多的人逐渐认识到，在激烈的社会竞争中，情商的高低甚至已经成为人生成败的关键。对组织管理而言，情商更重要，它是组织管理者领导力的重要组成部分。因此，近年来，情商越来越多地被应用在了企业管理等领域中。

人的情绪体验是无时无处不在的，相信我们每个人都有过莫名其妙地被某种情绪侵袭的体验。这些情绪体验既包括积极的情绪体验，也包括消极的情绪体验。不是所有的情绪都对人的行为有利，所以，认识情绪，进而管理情绪，成为我们必须正视的课题，这也是哈佛大学 MBA 课程中最重要的一课。在哈佛大学的校园里，甚至流传着这么一句话："决定你进入一个机构的是智商，影响你前途的是情商。"

丹尼尔·戈尔曼博士认为，在成功的诸要素中，智力因素固然很重要，但情感因素更为重要，它是一个人重要的生存能力。在一堂情绪管理课上，他对学生们说："成功是一个自我实现的过程，如果你控制了自己的情绪，就控制了自己的人生；认识了自我，就等于成功了一半。"为了强调情绪管理的重要性，丹尼尔·戈尔曼还给学生们讲述了"伊利诺伊州最好的草屑议员"卡尔·泰勒的一段轶事。

卡尔·泰勒来自美国伊利诺伊州某个小乡村，他刚上任的时候就遭到另一位议员嘲笑："这位从伊利诺伊州来的先生口袋里恐怕还装着燕麦呢！"

虽然卡尔·泰勒明知这句话的意思是讽刺他身上还带着农夫的气息，他却没有因此而觉得难堪，更没有情绪失控，而是从容不迫地回答："我不但口袋里装着燕麦，而且头发里还藏着草屑。我是西部人，身上难免有些乡村气息，但我们的燕麦和草屑是最好的。"

面对别人的嘲笑，卡尔·泰勒不但没有恼羞成怒，反而冷静地控制住了自己的情绪，并且"顺水推舟"做出了绝妙的回答，不但没有受到名誉损失，反而从此闻名于全国，被人们恭敬地称为"伊利诺伊州最好的草屑议员"。

讲完这段逸事，丹尼尔·戈尔曼博士强调："面对别人的讽刺，卡尔·泰勒控制住了自己的情绪，化解了一场矛盾和尴尬，给自己带来了意想不到的收获。除了事业之外，学习、生活等的成功也无不受情商的制约。用情商管理好自己的情绪，将会令我们受益一生……"

青少年朋友们，在遇到被攻击之类的事情时，你们能够像泰勒一样冷静吗？如果不能，那么从现在开始，你们就要学会了解和管理自己的情绪，提高情商，摆脱愤怒、焦虑等不良情绪的困扰，增强社会适应能力，协助智商发挥更大的效用。

◎**哈佛练习题**

做一做下面这项心理测试题，测一下你的情商。

1. 你不擅长说笑话、讲趣事。

A. 是的　　　　　　　B. 介于"是"与"不是"之间

C. 不是的

2. 多数人认为你是一个说话风趣的人。

A. 是的　　　　　　　B. 不一定　　　　　　C. 不是的

3. 你对看电影等娱乐活动的兴趣有多浓？

A. 超过一般人　　　　B. 和一般人相仿　　　C. 比一般人少

4. 和一般人相比，你的朋友的确太少。

A. 是的　　　　　　　B. 介于"是"与"不是"之间

C. 不是的

5. 不到万不得已，你总是避免参加应酬活动。

A. 是的　　　　　　　B. 不一定　　　　　　C. 不是的

6. 单独跟异性谈话时，你总是有些不太自然。

A. 是的   B. 介于"是"与"不是"之间

C. 不是的

7. 你在待人接物方面一直不太成功。

A. 是的   B. 不完全这样   C. 不是的

8. 你宁愿做一个：

A. 演员   B. 不确定   C. 建筑师

9. 你喜欢向朋友讲述你个人的一些有趣经历。

A. 是的   B. 介于"是"与"不是"之间

C. 不是的

10. 你爱穿朴素的衣服，不欣赏华丽的服装。

A. 是的   B. 不太确定   C. 不是的

11. 你认为安静的自娱远远胜过热闹的宴会。

A. 是的   B. 不太确定   C. 不是的

12. 人们通常都认为你是一个活跃、热情的人。

A. 是的   B. 介于"是"与"不是"之间

C. 不是的

13. 喜欢借出差的机会多做一些工作。

A. 是的   B. 介于"是"与"不是"之间

C. 不是的

答案解析：

评分标准：每题选择 A 记 1 分，选 B 记 2 分，选 C 记 3 分，将各题的得分相加，计算出总分。

测试结果：

0 ～ 8 分：你严肃、审慎而且寡言少语，有时可能过分深思熟虑，以至于近乎骄傲自满，是一位认真可靠的工作人员。不过，你的这种个性就像无形的障碍，难免会令人对你产生敬畏感，从而与你保持一定的距离。

9～12分：你兴奋度适中。你既不沉默寡言，也不夸夸其谈，做事稳重、可靠。

13～26分：你通常活泼、愉快、健谈，对人和对事热心而富于感情；有时可能过分激动，以致行为波动多变化。记住，遇事要冷静。

影响人生成败的五种情商能力

> 一个连自己都控制不了的人，怎能让民众放心地把整个国家交给他？
> ——哈佛大学毕业的美国第35任总统 约翰·菲茨杰拉德·肯尼迪

多年以来，人们一直以为高智商决定了高成就，但事实上智商的作用并没有这么大。哈佛大学的研究表明，一个人一生的成就至多只有20％归功于智商，另外的80％都受情商的制约，情商具有不可估量的作用。在《情商》一书中，丹尼尔·戈尔曼博士也写出了情商的重要性："情商高者，能清楚地了解并把握自己的情感，敏锐地感受并有效地反馈他人的情绪变化，在生活各个层面都占尽了优势。情商决定了我们怎样才能充分而又完善地发挥我们所拥有的各种能力，包括我们的天赋。"

既然高情商如此重要，那么有没有办法提高一个人的情商呢？要想提高情商，就有必要了解一下情商与智商的关系，因为情商是作为一个与智商相对的概念提出来的，它不同于一成不变的智商，完全可以通过对大脑的开发及科学的训练而不断提高。为了有针对性地提高情商，丹尼尔·戈尔曼博士明确指出，在诸多能力之中，有以下五种情商能力会影响到一个人一生的成败：自我了解能力、自我控制能力、自我激励能力、了解他人情绪的能力、维系融洽的人际关系的能力，只有提高了这五种情商能力，一个人才能真正地提高自己的情商，进而取得一番成就。

这五种情商能力对我们的人生成败确实非常重要，值得我们重视。

1. 自我了解能力

这种能力是情商的核心，是构建其他多数情商能力的基础。只有认识自己，才能成为自己生活的主宰。

在人际交往过程中，人们常常将自己的内心感受投射到他人身上，假设他人与自己具有相同的属性、爱好或倾向等，认为他人理所当然地知道自己心中的想法，以至于其认知往往缺乏客观性，导致双方的交流出现障碍。而拥有自我了解这种情商能力的人却不同，他们往往能够立刻意识到自己感受到了什么、为什么会产生这种感受以及引发这种感受的因素，可以及时审视自己内心的变化，从而提高与他人的互动性，比如有"脱口秀女王"美誉的奥普拉·温弗瑞。

奥普拉·温弗瑞是美国王牌节目《奥普拉·温弗瑞脱口秀》节目的制片、主持人，她的优势之一就在于她了解自己，并能迅速调整自己的精神状态，从而让他人感到安心舒适，所以她不但总是一副从容不迫的样子，还获得了他人的认可和欢迎，是当今世界上最具影响力的妇女之一。

2. 自我控制能力

在遇到强烈的嫉妒、焦虑、愤怒、忧郁、悲伤、痛苦、孤独等消极情绪时，那些自我控制能力强的人往往能够及时地察觉自己的情绪变化，并对自己的精神状态做出必要和恰当的调整，始终保持良好的精神面貌。这样无疑既有利于解决问题，也有利于他本人和他人的交往。而自我控制能力弱的人则相反，他们一遇到事情就容易产生消极情绪，并认为这些消极情绪无法控制，于是听之任之，整天一副心情沮丧、意志消沉的样子，这样既不能解决任何问题，也给他本人的生活带来了极大的负面影响。

拥有自我控制能力是提高情商的前提，所以我们要加强修养，逐渐学会驾驭和掌控自己的情绪，只有这样，我们的人生才会更加美好。

3.自我激励能力

拥有这种能力的人能够以活动目标激励自己，并克服重重艰难险阻，使自己走出人生的低潮，重新出发。只有时刻都能够激励自己的人，才不会被困难吓倒，最终成就卓越的人生。

4.了解他人情绪的能力

这种能力要求一个人能够通过细节敏感地感受到他人的需求和欲望，是认知他人情绪进而顺利与他人沟通的基础。

事实证明，那些能够敏锐地了解他人情绪的人，往往比那些社交能力差、性格孤僻的高智商者更可能找到理想的工作，也更可能取得成功。

美国前总统比尔·克林顿智商很高，读小学时在班里一直名列前茅，但是他并没有注意培养自己的情商。

这一天，学校寄来了期末考试成绩单。比尔·克林顿的成绩单上只有一科的成绩是D，其他的都是A。表现一向很优秀的他，为什么会有一科的成绩被评为D等？是哪一科？行为。老师是这样解释的：每次老师提问，聪明的比尔都会抢着回答，这样就让其他同学失去了表现的机会，之所以给他一个D等，就是要提醒他今后注意改进。

"给别人表现的机会"是高情商的人才懂的，所以小比尔当时只是懵懂地点了点头，并从中吸取了经验教训。随着年龄的增长，他越来越深刻地意识到了解他人情绪的重要性，于是努力弥补自己在这方面的缺陷。

当上总统以后，他提出，给一个人的最高奖赏是一把开启未来的钥匙，即给别人表现的机会。

5.维系融洽的人际关系的能力

这种能力要求一个人能够掌握调控自己和他人的情绪反应的技巧。

虽然现实社会里充满了喜怒哀乐，但是谁都希望自己的生活中能够多一些欢乐，少一些忧愁和烦恼。一个具有维系融洽的人际关系的能力的人，往往能够与别人愉快地相处，因此自然也受人欢迎。

总之，情商为人们开辟了一条事业成功的新途径，使人们摆脱了过去只讲智商的宿命论。但是，必须重视并掌握丹尼尔·戈尔曼博士提出的这五种重要的情商能力，才能真正提高我们的情商，让它为我们所用，进而成就辉煌的人生。

◎ 哈佛练习题

自我控制能力是影响人生成败的五种情商能力之一，你具有这种能力吗？根据你的真实情况回答下面问题，测一测你是否具有控制自己愤怒情绪的能力。

1. 别人对我的过激反应有意见。

2. 排队让我发疯。

3. 我无法忍受别人对我粗鲁。

4. 我总是对别人的批评反应过度。

5. 我很容易跟别人发生争吵。

6. 开车堵在路上会让我觉得压力很大。

7. 我觉得大多数司机都是坏司机。

8. 我发现大多数服务人员都非常无能。

9. 与别人很难继续讨论时，我很容易生气。

10. 小小的事情都会让我很生气。

答案解析：

评分标准：回答"没有"记 0 分，"偶尔"记 1 分，"经常"记 2 分，然后计算出总分。

测试结果：

0 ～ 7 分：不用担心，你在最棘手的情况下也能很好地平衡自己的情绪；

8 ～ 14 分：在有压力时，你可能会变成一个愤怒者；

15 ～ 20 分：你很容易愤怒，倘若再不采取干预措施，你很可能会被你那无法抑制的愤怒所累。

一切困难都是提高情商的契机

只要征服了自己的感情，就能征服一切。

——古罗马诗人　奥维德

每个人的生活都不可能总是一帆风顺，都会遇到许多困难，有时甚至是不幸、厄运。关于如何面对困难，哈佛大学是这样教育学生们的："困难可以击垮你，也可以使你重新振作，这取决于你如何看待和处理它。在你克服了困难之后，你的情商会有所提高，你所获得的能量将增加，要成功自然也更容易。"

困难就像一条狗，往往在我们没有防备的情况下向我们扑来。如果我们畏惧或逃避，它就会追着我们不放；如果我们挺起腰杆，挥舞着拳手对它大声吆喝，它往往会夹着尾巴灰溜溜地逃走。只有勇敢地面对并设法克服它，才能消除对它的恐惧，进而摆脱它的控制，变得强大起来。

　　巴尔扎克的父亲一心希望儿子当律师，将来在法律界有所作为。但是，喜欢文学的巴尔扎克根本不听父亲的劝告，学完四年的法律课程之后坚持要当作家。为此，父子俩的关系变得非常紧张。盛怒之下，父亲断绝了巴尔扎克的经济来源。而此时巴尔扎克投给报社、杂志社的各种稿件均被退了回来，他一下子陷入了困境，只能靠借钱度日。手头拮据的时候，他甚至只能就着白开水吃干面包。

　　但即便如此，他也丝毫没有向父亲屈服的意思，依然像以前一样乐观。对文学的热爱已经深深地在他的心里扎根，他觉得没有什么困难可以阻挡自己追求文学的脚步。为了对抗饥饿和困窘，他想出了"画饼充饥"的办法。每天用餐时，他都随手在桌子上画一些盘子，在上面写上"火腿""奶酪""牛排"等字样，然后一边想象着这些美食的味道，一边狼吞虎咽地吃着干面包。

　　为了激励自己继续坚持下去，穷困潦倒的巴尔扎克还节衣缩食，花费700法郎买了一根粗大的镶着玛瑙石的手杖，并在手杖上刻了一行字："我将粉碎一切障碍。"正是手杖上这句气壮山河的话支持着他，使他夜以继日地学习、创作，不断地向着创作高峰攀登。

　　最终，他不但还清了债务，还获得了巨大的成功。他的作品传遍全世界，对世界文学的发展和人类的进步产生了深远的影响。

　　如果巴尔扎克没有勇敢地面对苦苦折磨他的困顿和狼狈，而是放弃了创作，就不可能取得如此巨大的成就。由此也可见，许多有成就的人都不是天生的强者，他们的坚强和韧性也不是与生俱来的，而是在战胜困难的过程中逐渐形成的。

哈佛大学社会心理学教授珍妮弗·亚当斯说："只有在困难中挣扎过、奋斗过，你才能领悟到成功的真谛。无论是什么样的困难，都可以提高你的情商，帮助你取得成功。"在遇到困难时，我们不但不能只是一味地畏惧、退缩、逃避、抱怨，还应该感激它。因为，从出生的那一刻起，我们就是一个独立的个体，需要经历磨砺和蜕变才能逐渐成长起来。而困难正是一份含金量很高的试卷，它不但向我们的智商提出了挑战，还考验着我们的情商。经历困难的过程是痛苦的，但是我们完全可以以乐观的心态去面对它，让它成为一段深刻的体验。即使是很小的挫折，它带给我们的人生体验也要比长期的一帆风顺带给我们的丰富得多。

不平凡的经历造就了不平凡的人生。只有经历过困难磨砺的人，才能逐步提高自己的情商，进而战胜更大的困难，成就非凡的人生。如果我们绕开这些困难，就拒绝了成长和进步，拒绝了成功。

◎哈佛练习题

在遇到困难或危险时，你的情商能力有多高？做做下面这项测试题，看一看你能否冷静地面对困难或危险。

你正在超市购物，突然传来"失火"的警报声，接着你前方不远处就不断地冒出浓烟。面对这种紧急状况，你会怎么做呢？请在下面四个选项中选择其一。当你采取行动时，你认为你周围的人会采取什么行动？请同样在这四中个选项中选择其一。

1. 先冷静地看看情况，待判断有危险时才找逃生口避难

2. 一看到有发生意外灾难的可能就急忙躲在墙角避难

3. 急忙跑向出口，尽快逃离现场

4. 什么主意也没有，只是盲目地跟着周围的人跑

答案解析：

选择 1 或 2，认为他人也会选择 1 或 2 的人：你会顾及面子问题，所以难以冷静、严格地做自我观察。在遇到大灾难时，你采取与周围人同样行动的可能性极大。

选择 3 或 4，认为他人也会选择 3 或 4 的人：你能正确地认识自己，所以在碰到紧急事件时，你更容易沉着、冷静地应付。

选择 1 或 2，认为他人会选择 3 或 4 的人：你过于乐观。

选择 3 或 4，认为他人会选择 1 或 2 的人：你过分悲观，没有自信，遇事难以保持冷静。

你是情绪的奴隶吗

"愤怒"一旦与"愚蠢"携手并进，"后悔"就会接着到来。

——获哈佛大学名誉文学硕士学位的　本杰明·富兰克林

在当代社会，快速繁忙的生活节奏和与日俱增的生活压力似乎将人们的情绪带到了一个难以控制的边缘地带，已经有越来越多的人开始受到焦虑、悲观、忧郁、愤怒、恐惧、失望、怀疑等消极情绪的制约，而且久久难以恢复正常。

约翰是一家跨国公司的中层管理，平日热爱体育活动，身体强壮。

一天晚上，约翰正在与客户进餐，突然感到一阵惊慌，而且胸闷、呼吸困难，好像马上就要面临可怕的死亡似的。客户见状立即打电话叫来了急救车。可是到了急救车上，约翰的所有症状又突然全部消失了。

为了安全起见，医生还是给约翰做了一个全面的检查，检查结果证实他的身体状况很好，他这才被允许离开医院。

不过，在此后不足三个月的时间内，约翰又多次出现了跟第一次"发病"时一样的症状，每次"症状"都是突然出现又突然消失，每次健康检查也都没有发现什么异常。

"走投无路"的约翰最终想到了心理医生，在进行了相关的心理咨询之后，他才得知自己是患了焦虑症。

压力越来越大的青少年学子，如果你也像约翰一样被自己的消极情绪掌控着，那么你是愿意继续做情绪的奴隶，还是驾驭情绪？

哈佛大学公共关系学教授伊莱恩·凯玛克说："做自己情绪的奴隶，比做暴君的奴仆更不幸。因为一个人如果受制于自己的情绪，那么他的行为就不再有自主权，只能任由命运安排。高情商要求人们能够认识并控制情绪。只有做了自己情绪的主人，才能自由地构建自己的世界。"无论是在古代还是当代，也无论是在西方还是东方，自我控制都是人们的一门必修课。

有个孩子脾气暴躁，经常为了一些小事向别人发火。为了让他学会控制自己的情绪，父亲给了他一大包钉子，让他每发一次脾气就在后院的栅栏上钉一枚钉子。

第一天，小男孩在栅栏上钉了 37 枚钉子，这个结果让他意识到自己的脾气有多坏。为了改掉这个毛病，他逐渐学会了控制情绪，因此他在栅栏上所钉的钉子数量也逐天减少。渐渐的，他发现控制自己的坏脾气比往栅栏上钉钉子要容易得多。几个星期之后，他就不怎么发脾气了。

父亲得知了他的变化，又建议他说："如果你能坚持一整天都不发脾气，就从栅栏上拔下一枚钉子。"小男孩高兴地照办了。

当他拔光了栅栏上所有的钉子时，父亲拉起他的手，对他说："儿子，你做得很好。但是，你看，虽然钉子都被拔下来了，但是它们都在栅栏上留下了小孔，栅栏再也回不到原来的样子了。当你出于一时冲动向别人发脾气时，你的言语就像钉子一样，会在别人的心里留下难以消除的疤痕。"

小男孩听了父亲的话，懊悔地点了点头。此后，无论遇到什么样的事情，他都会尽量克制自己，不让自己轻易发脾气。

一个人一生难免会遇到一些不顺心的事，无论是学习、人际关系、工作还是其他方面的麻烦事，我们都要学会控制自己的情绪，理智地解决问题，否则就要为自己"一时的冲动"付出代价。如果一遇到不尽如人意的事就只顾着宣泄情绪，逞一时的口舌之快，就会有意或无意地给他人造成一定的伤害，而伤害一旦造成，再多的弥补往往也无济于事，既伤人又不利己。

渴望杰出的青少年，不应该成为情绪的奴隶，而应该牢记伊莱恩·凯玛克教授的那番话，增强自控能力，做自己情绪的主宰者。

◎ **哈佛练习题**

你能控制自己的情绪吗？做下面的练习题测试一下。

1. 无论在哪儿，你都可以准确无误地辨别方向？

A. 是的　　　　　B. 不一定　　　　　C. 不是的

2. 即使把狮子等凶恶的猛兽关进铁笼里，你见了它们也会惴惴不安，浑身战栗?

    A. 是的   B. 不一定   C. 不是的

3. 不知道为什么,有些人总是回避你或对你很冷淡?

    A. 是的   B. 不一定   C. 不是的

4. 无论是阳光明媚还是大雨倾盆,你的情绪都不会受影响?

    A. 是的   B. 介于 A、C 之间   C. 不是的

5. 你一直觉得你能达到你所预期的目标?

    A. 是的   B. 不一定   C. 不是的

6. 给你一个全新的环境让你开始一种崭新的生活,你要:

A. 把生活安排得和从前截然不同

B. 不确定   C. 应该不会有太大的改变

7. 你坚信自己有能力克服各种困难?

    A. 是的   B. 不一定   C. 不是的

8. 你有时会无缘无故地憎恨某种东西,甚至产生毁灭它的念头,但不久之后这种念头就会消失?

    A. 是的   B. 不一定   C. 不是的

9. 你热爱所学的课程?

    A. 是的   B. 不一定   C. 不是的

10. 在路上,你常常避开你不愿意打招呼的人?

    A. 极少如此   B. 偶然如此   C. 有时如此

11. 当你专心看书时,如果有人在旁边大声喧哗,你会有什么反应?

A. 仍能专心看书   B. 介于 A、C 之间

C. 不能专心并感到恼怒

12. 你虽善意待人,却常常会有很强的挫败感?

    A. 是的   B. 不一定   C. 不是的

13. 当你在梦里情绪很激动时,你的睡眠很容易受到影响?

A. 经常如此　　　　　B. 偶然如此　　　　C. 从不如此

答案解析：

评分标准：第 1、4、5、7、8、9、10、11 题选择 A 记 2 分，B 记 1 分，C 记 0 分；第 2、3、6、12、13 题选择 A 记 0 分，B 记 1 分，C 记 2 分。计算出总分。

测试结果：

0 ～ 8 分：情绪极易激动。你通常不容易应付生活中遇到的各种挫折，不能面对现实，常常急躁不安、身心疲惫，甚至失眠。要注意控制和调节自己的情绪，让它保持稳定。

9 ～ 19 分：情绪基本稳定。你的情绪有变化，但是起伏不大，你能沉着地应对一些一般性问题，然而在大事面前不免会受到环境的影响，有时甚至会急躁不安。

20 ～ 26 分：情绪稳定。你情绪稳定、性格成熟，能面对现实，可以以沉着的态度应付生活中出现的各种问题，即便不能彻底解决某些难题，你也能进行自我安慰。

情绪是做好的牛排，切割的却是自己

哪怕是小小的自我克制，也能使人变得强而有力。

——苏联著名作家、诗人、评论家　玛克西姆·高尔基彼得·米切尔是哈佛大学的一名社会学教授，在给学生们讲述如何通过调整自己的精神状态来改善与他人的关系时，他说："无论是积极还是消极的情绪，都要把握好它的'度'。如果积极过度，可能会犯盲目乐观的错误；如果消极过度，不但不利于解决问题，还会引发各种心理和生理疾病。情绪就像做好的牛排，如何切割取决于你自己。只有大小适中、不偏离正常形态的牛排，才最适口、最健康。"

有些学生听了米切尔教授的话，脸上露出了一丝疑惑，好像并没有完全领会他的意思似的。米切尔教授见状，给学生们讲述了发生在他的小儿子身上的一件事。

一个礼拜天的下午，我正在屋外修剪草坪，我的小儿子迈克因为一件小事跟邻居家的孩子查理吵了起来，两个人争得面红耳赤，谁也不让谁。最后，迈克只好气呼呼地来找我帮忙。在年幼的迈克看来，我是一个既有智慧又讲公道的人，肯定能够帮他断定谁是谁非。

"爸爸，您来评个理！查理那家伙简直不可理喻！他竟然……"迈克一见到我就开始指责和抱怨起来。但是，我并没有立刻给我儿子"撑腰"，只是看了他一眼，说："对不起，亲爱的，我现在正忙，这事儿还是等会儿再说吧。"迈克见我的态度很坚决，只好怏怏地离开了。

几分钟之后，迈克又愤愤不平地走到我身边，再次数落起查理来："爸爸，您一定要帮我评评理，查理……"不过听他的语气，他显然不像刚才那么生气了。我依旧不紧不慢地说："你的怒气还没有消退，等你心平气和时再说吧，正好我还有一小片草坪没有修剪好。"

在接下来的几个小时里，迈克都没有再来找我帮他评理。吃晚饭的时候，我在餐桌上看见了他，他正在耐心地切着盘子里的牛排，一大块牛排被他切成了许多小块。我知道他的心情显然已经平静了，就笑着问他："现在还需要我来评理吗？"迈克羞愧地笑了笑，说："不需要了。现在想来那也不是什么大事，不值得生那么大的气。"

我为他的表现感到非常高兴，对他说："这就对了！我之所以一直不和你谈论这件事，就是想给你思考的时间，让你消消气。情绪就像你盘子里的牛排一样，如果太大，吞咽起来一定很困难，只有把它切成适口的小块，吃起来才既美味又好消化。记住，无论什么时候，都不要急于逞一时之快或做决定，而应该将你的情绪切成一小块一小块的，等它易于'消化'了，再采取相应的行动。"

学生们这才恍然大悟，并意识到了把情绪控制在一定限度之内的重要性。

米切尔教授的这番教导的确很有道理。俗话说："乐极生悲。""百病生于气"。《黄帝内经》中也有类似的记载："喜伤心、怒伤肝、忧伤肺、思伤脾、恐伤肾……"无论是什么样的情绪，一旦过度，都有可能使脏腑功能失调而致病。所以，当我们高兴时，不要得意忘形，而应该始终保持清醒的头脑和奋发向上的精神状态。生气的时候，要心胸宽广一点，尽力克制自己，慢慢恢复平静，不要把气撒在别人身上，因为谁也不愿意无缘无故地挨骂，如果你总是这样，别人肯定会反抗，甚至从此与你保持距离。

世上有许多事情的确难以预料，人与人的相处也难免会有磕磕碰碰，但是，无论处于什么样的境遇之中，我们都应该像米切尔教授那样，尽量保持风度和冷静，避免情绪失常。情绪失常是低情商的表现，无论是对我们个人的身心健康还是人际关系都有百害而无一利。

如果真有什么苦恼或伤心事，可以向亲朋好友倾诉，甚至大哭一场，好好发泄一下，否则就会憋出病来。另外，要广交朋友，避免孤独；也可以多参加一些体育锻炼，这样既能转移注意力又有助于睡眠，对身体和心理健康都有利；还可以培养广泛的兴趣，比如书法、绘画、种花等，陶冶情操，修身养性。总之，要让情绪处于自己可掌控的"易消化"的范围内，只有这样，才能避免各种身心疾病的产生。

◎ **哈佛练习题**

你是否拥有较好的自我控制能力，从而使自己能够只想应该想的事情？做一做下面这项测试题，请以 A（是）、B（不是）、C（介于两者之间）三个选项作答，看一看你的情况。

1. 一觉醒来，你常常莫名其妙地感到浑身没劲？

2. 即使非常愤怒，你也很少用极端的话语伤害别人的感情？

3. 你容易入睡吗？

4. 在任何情况下，你都能很好地掌握自己的表情和语气吗？

5. 最近发生的几件事情是否让你觉得自己受了许多委屈和侮辱？

6. 你经常对自己的言行能否引起别人的兴趣表示疑问？

7. 在遇到一些突发事件时，你经常感到心灵震动、精神疲惫，不能继续正常地做自己该做的事？

8. 你经常感到神经脆弱，稍微受到一点刺激，你就会激动得难以控制？

9. 你会因为一些并不严重的事情而心神不宁？

10. 在某种心境下，你会陷入深深的困惑之中，甚至无心学习？

11. 生活无故被打乱，你是否能够当作什么事都没有发生过？

12. 在选择居住地时，你喜欢热闹的城市胜过偏僻的山村？

13. 在没有医师的处方时，即使感到不适，你也不会乱用药物？

答案解析：

评分标准：第 2、4、12 题选择 A 选项记 0 分，B 选项记 2 分，C 选项记 1 分；第 1、3、5、6、7、8、9、10、11、13 题选择 A 选项记 2 分，

B 选项记 0 分，C 选项记 1 分。

测试结果：

16 ~ 26 分：你的生活很紧张，长期处于这种环境下，你会变得缺乏耐心、精神疲惫，每天都战战兢兢的。在集体生活中，你很难形成团队精神和协作能力。你应该好好分析一下导致你精神紧张的原因，并设法克服外来的不良影响，同时多方面地培养一些爱好和兴趣，也可以通过与朋友聊天的方式放松自己紧绷的神经。

9 ~ 15 分：你能够适当地调节自己，让自己生活得充实、愉快，并能维持这种积极向上的状态，这对你的学习、生活都有益处。

0 ~ 8 分：你心境平和、知足常乐、随遇而安。不过，用现代人的眼光来看，你似乎过于安于现状，缺少向上的动力和进取精神。

改变可以改变的，接受不能改变的

我们若已接受最坏的，就再也没有什么损失了。

——美国现代成人教育之父、人际关系
学家、成功学大师　戴尔·卡耐基

生活令人不可捉摸，其中充满了变数，如果它给我们带来的是快乐，那当然最好了；但是现实往往并不尽如人意，挫折、困难、不幸总是不期而至，有时甚至还有可怕的灾难。在这些不如意之中，许多都是我们无法选择、逃避或改变的，给人们带来了无数的烦恼甚至是悲剧。

彼得是一个快乐的邮递员，他非常喜爱自己的工作，并且做得非常好。凡是地址不详或字迹不清的死信，一经他辨认试投，几乎无不一一救活。每天下班回到家里，彼得总是会把一天里的开心事讲给他的妻子和一对儿女听。吃过晚饭，他还会带着他们到屋外散步。他的生活就像一片晴朗的天空，没有半点阴影。

可是，一天早晨，他的小儿子病第二天，孩子就死了。他的生活一下子变得像一封地址不详的死信，失去了寄托。虽然他每天都早早起床去上班，但是他看上去就像一个梦游者。到了办公室，他默默地办公；下班回家之后，他默默地吃饭；吃完晚饭，他早早地上床。可是他的妻子知道，他常常一动不动地盯着天花板，久久不能入睡。妻子看在眼里，急在心里，对丈夫百般安慰，但总是不见效。

很快就到圣诞节了，但是周围欢乐的气氛仍然不能冲淡这一家人的悲伤。年初便跟弟弟一起翘首盼望圣诞节的安妮，也变得沉默寡言。

一天，彼得坐在自己的办公室里分发一些信件。他拿起一个用彩纸做成的信封，只见上面用蓝铅笔写着几个大字："寄交天堂奶奶收"。这种信怎么投递！彼得轻轻地嘘了一口气，正要顺手把它丢到一边，却突然意识到那是女儿安妮的笔迹，他很好奇女儿为什么会写这样一封信，于是拆开信看了起来：

"亲爱的奶奶：

"弟弟死了，爸爸妈妈很难过。妈妈说，好人死了会上天堂，弟弟现在跟奶奶在一起生活。奶奶，弟弟有玩具吗？

"弟弟的木马我不骑了，积木我也不玩了，我藏了起来，怕爸爸看见了难过。我爱听故事，也不要爸爸讲了，让他早点睡觉。爸爸烟也不抽了，话也不说了。有一次，我听见妈妈说：'只有主能解救他。'奶奶，主在哪儿呢？我一定要找到他，请他来解救爸爸，叫爸爸不要再那么伤心，仍然像以前一样抽烟、讲故事。"

这天下班时，街灯已经亮了。彼得快速向家里走去，没有再注意自己的影子一会儿在前一会儿移后，因为他把头抬了起来，一直看着前方。走到家门口时，他踏上门阶，整理了一下自己的衣服和头发，缓缓地呼出一口气，露出久违的笑容，然后才推开门走了进去。

当痛苦、绝望、不幸或灾难向你逼近时，你是怎么做的？是让它们主宰你的心灵，一直生活在阴影里，还是像彼得一样，接受残酷的现实，重新乐观地面对生活？

在这一方面，哈佛人的做法值得我们借鉴。走在哈佛大学的校园里，我们看到许多人的脸上都挂着发自内心的笑容。为什么他们如此快乐？是因为生活偏爱他们吗？不是的，而是因为他们知道，人的一生就像烟花一样易逝，既然快乐是一辈子，痛苦也是一辈子，那么为什么不让自己每天都开开心心的呢？

虽然有些事情很棘手，或是令你伤心欲绝，但是既然它们已经发生了，那么无论你再怎么消沉或痛不欲生，也于事无补，只能努力改变现状；如果无法改变，那就只能接受，并且进行自我调整。抗拒不但可能令你精神崩溃，无法过正常的生活，还可能影响你的亲人，令他们跟你一样痛苦。更何况人生短暂，一个人总得做一些有意义的事才不枉此生。所以，在遇到艰难险阻时，不要总是沉浸在消极情绪里，而应该想尽一切办法去克服它们；如果遭遇的是无法改变的不公或不幸的厄运，不妨试着接受它、适应它，从痛苦中走出来，把快乐带给别人。

◎ **哈佛练习题**

遇到无法改变的不公或不幸时，你的心理承受能力如何？下面的这项测试题可以帮助你了解你的情况。

1. 同学或同事不打招呼就来到你家楼下，打电话说要上来玩，你会怎么办？

A. 非常生气，居然有这么不懂得尊重别人隐私的人，设法拒绝

B. 没办法，让他们上来，可是心里很不愉快

C. 挺开心地欢迎他们上来

2. 你的童年是什么样子的？

A. 在父母的宠爱下度过的

B. 在相当孤独的情况之下度过的

C. 和父母的情感一般

3. 如果接连几次都发生了不愉快的事情，你会有什么想法？

A. 觉得自己倒大霉了，并因此而苦恼不已

B. 努力支撑，认为坏到极点总会有转折点

C. 有些不开心，但是能够坚持下去

4. 在名品店购物时，如果销售小姐对你爱理不理，你会怎么做？

A. 找经理投诉，一定要逼得销售小姐道歉才行

B. 非常不爽，对她冷嘲热讽，而且要求朋友都不要再到那儿买东西

C. 一笑而过，何必和她们一般见识

5. 如果需要换一个新发型，你一般会考虑怎样的美发店呢？

A. 先让朋友介绍一个美发店，在有了50％的把握之后再去做发型

B. 找一个比较有名的美发店

C. 看心情，说不定哪天有空就随便走进一家美发店了呢

6. 你的身体情况如何？

A. 只要感冒流行，你就会被感染

B. 心情不好的时候，身体就会变得很差

C. 每年生一两次病是常事

7. 在去一个新地方时，你是否常常会出现吃不下饭、睡不着觉、腹泻、

头晕等问题？

A. 是的　　　　B. 不是

8. 看完惊悚片之后，在很长一段时间之内你都觉得心有余悸？

A. 是的　　　　B. 不是

9. 在公共场合或陌生人面前说话，你是否会感到窘迫？

A. 是的　　　　B. 不是

10. 当你漏搭了一次电梯而需要爬楼梯时，你会感到非常沮丧？

A. 是的　　　　B. 不是

11. 你常常因为想心事而躺在床上久久不能入睡？

A. 是的　　　　B. 不是

12. 你在书上或报纸上看到一些疾病的症状时，总觉得和自己的状况非常相像？

A. 是的　　　　B. 不是

答案解析：

评分标准：第 1 ~ 6 题选择 A 记 0 分，B 记 1 分，C 记 2 分；第 7 ~ 12 题选择 A 记 0 分，B 记 2 分，计算出总分。

测试结果：

7 分以下：你的心理承受力较弱。你经不起突如其来的变故或打击，即使稍不如意也会使你寝食不安，这可能和你一帆风顺的经历有关。建议你主动、愉快地接受生活的挑战，同时也要少想个人得失，因为应付困难或不幸的能力其实也是对个人利益损失的承受力。

7 分 ~ 13 分：你的心理承受力一般，在遇到大的变故时，你会觉得难以应付。虽然你习惯于承受压力，但还是应该学会如何消除紧张。最好的办法是多学习如何放松，并且适量地减少一些事务，重新获得生活的平衡。

13分以上：你敢于迎接命运的挑战和生活的冲击，而且能够面对现实，懂得随遇而安。建议你别让自己太累、太急，张弛有术才是保证你每天都有好状态的秘方！

第六章　积极乐观——好心态赢得好未来

既然已经发生，你就得勇敢地面对

不幸是一所最好的大学。

——俄国哲学家、文学评论家　别林斯基

人生就像一次旅行，路上既有美景也有坎坷不平的小径。对有些人来说，过去的一切可能就像一部伤心史，可能因为学习或事业失败了、理想破灭了，也可能因为亲友永远地离开了，或是自己家庭难以继续维系下去……其中一些人甚至会抱着极端消极的想法，认为自己活着已经没有奔头，前途十分渺茫。

其实，在这个世界上，没有无往不利的人，即便是那些高情商的人，他们也会经历许多挫折和苦难。不过，对那些高情商者来说，人生永远没有绝境，只要不甘屈服，敢于面对现实，就没有什么是不可战胜的，未来依然很美好。

正当贝多芬充满热情地献身于他所钟爱的音乐事业时，不幸的事情发生了。

由于患耳病，贝多芬的听觉变得越来越差，最后什么也听不见了。遭遇这样的不幸，贝多芬陷入了极大的痛苦和深深的绝望之中，他想到了自杀，连遗嘱都写好了。但是，经过一番激烈的思想斗争之后，他还是选择了坚强地生活下去，因为他热爱音乐。他想："在我尚未把我的使命完成之前，我不能离开这个世界。"

贝多芬勇敢地向命运发起了挑战。在给朋友的信中，他豪迈地写道："我要扼住命运的咽喉，它休想让我屈服！"

这句话也是贝多芬的座右铭。

在接下来的时光里，贝多芬比以前更发奋、更努力。虽然他既听不到鸟儿的鸣叫、小溪的歌唱，也听不到雷鸣、风吼……但是他以坚忍不拔的意志和惊人的毅力与命运展开了搏斗，创作出了许多不朽的作品。他的大部分优秀作品都是他耳聋以后创作的，在欧洲音乐史上书写了崭新的一页。

对贝多芬来说，失聪究竟是幸运还是不幸？显然是不幸的，但是身体上的痛苦并没有让他屈服，反而使他的内心迸发出了无穷的力量。

既然不幸已经发生，也无法再改变，那么我们也只有忍着伤痛去面对它，才能避免出现更大的不幸。成功学大师卡耐基曾经说过："有一次，我拒不接受一种我无法改变的情况。我像个蠢蛋一样，不断地做无谓的反抗，结果经常失眠……经过一年的自我折磨，我不得不接受这个事实。"当然，面对现实并不等于被动地接受所有的不幸，只要还有可能，我们就应该抓住机会去改变现状！唯有如此，才能在人生的道路上掌握好平衡。面对失败时也一样，只有不惧挫折，爬起来继续前进，才能迎来成功。

爱默生说："伟大人物最明显的标志，就是他坚强的意志。无论环境如何变化，他都不会失去希望，而是勇敢地面对，并且克服重重障碍，以期达到他所企望的目的。"因此，无论遇到什么样的情况，我们都不能灰心丧气，更不能从此一蹶不振，而应该用自己的勇敢和努力迎接命运的挑战，扭转乾坤。

◎ 哈佛练习题

遇到不幸、挫折时，你的适应能力有多强？做下面这20道测试题，分别以 A. 与自己的情况完全相符；B. 与自己的情况基本相符；C. 难以回答；D. 不太符合自己的情况；E. 完全不符合自己的情况这5个备选答案作答，每题只能选一个答案。

1. 每当生活环境发生变化时，我总是感到身体不适，比如会出现咳嗽、发热等症状。

2. 当家里来客人时，只要不是找我的，我总是想办法避开客人。

3. 无论是多么重要的场合，我都能够自如地应对。

4. 到一个新的环境工作、生活时，周围的变化无论多大都不会对我有什么影响。

5. 参加某些竞赛活动时，周围越热闹我越紧张。

6. 我很愿意和刚见面的人很随意地聊天、说笑。

7. 如果让我在没别人打扰的空房子里进行一项很重要的工作，我的工作成效一定很好。

8. 在任何公开发言的场合，我都能很好地发挥。

9. 我喜欢独立做事，不愿意与别人合作。

10. 在大会上发言时，我总能赢得最多的掌声。

11. 在与他人讨论问题时，我经常不能及时找到反击的语言。

12. 我在任何情况下都能全神贯注地看书、学习。

13. 哪怕是已经倒背如流的公式，老师提问时我也会紧张得忘掉。

14. 即使在深夜，我也敢一个人走山路。

15. 在许多不认识的人面前出现时，我总是感到脸红心跳。

16. 越是重大的考试，我的成绩越好，比如我的升学考试成绩就比平时高许多。

17. 只要一检查身体，我的心脏总是跳得很快，可我在日常生活中并不总是这样。

18. 只要需要，我可以没有任何不满和抱怨地通宵工作。

19. 我总是冬怕冷夏怕热。

20. 我很看重是否能和大家融洽地相处，为此我经常放弃真实的想法，以便与多数人保持一致。

答案解析：

评分标准：题号为单数的题目评分标准为：选择 A 记 1 分，选择 B 记 2 分，选择 C 记 3 分，选择 D 记 4 分，选择 E 记 5 分；题号为双数的题目评分标准为：选择 A 记 5 分，选择 B 记 4 分，选择 C 记 3 分，选择 D 记 2 分，E 记 1 分。将各题得分相加，计算出总分。

测试结果：

69～100 分：你有很强的适应能力。无论是环境、人员还是规则的变化，你都能应对自如。

52～68 分：你的适应能力一般，还有待提高，你完全有能力以更高的热情、更积极的态度主动适应身边的人和事。

20～51 分：你的适应能力很差。对于改变，你总是充满恐慌，缺乏主动适应环境的积极性，不太适应现在的生活节奏和周围环境的变化。

乐观地面对生活，无论它给了你什么

乐观者于灾难中看到希望，悲观者于希望中看到灾难。

——西方谚语

哈佛大学心理学教授认为："心态决定人生。乐观的人，凡事都会往好处想，他们的生活也会因此而充满快乐和希望；悲观的人看不到生活中积极和光明的一面，他们的生活会因为消极的想法而变得暗淡无光。"事情往往就是这样，你相信什么，就可能会出现什么结果。

有两个好朋友结伴穿越沙漠。走到中途时，水喝完了，其中一个人因为中暑而不能继续前进。朋友递给中暑者一支枪，对他说："我现在去找水。这支枪里有五发子弹，我走之后，每隔两个小时你就对着天空鸣放一枪，枪声会指引我前来跟你会合。"说完，同伴就满怀信心地上路了。

中暑者只身躺在沙漠里，狐疑地想："他能找到水吗？要是他听不到枪声怎么办？他会不会丢下我独自离开？"

暮色降临时，枪里只剩下一发子弹了，可是朋友还没有回来。中暑者确信朋友早已离去，自己只能等待死亡。他越想越害怕，眼前浮现出沙漠里的秃鹰飞过来狠狠地啄食他的眼睛和身体的情景……中暑者最终彻底崩溃，把最后一颗子弹送进了自己的太阳穴。

枪声响过不久，朋友提着满壶清水、领着一队骆驼商旅赶来，找到了中暑者温热的尸体。

身处困境之中，中暑者用猜疑代替了信任，用悲观驱散了希望。他不是被沙漠的恶劣环境吞没，而是被自己的消极心态毁灭的。事实上，很多事情往往并不像别人说得或是我们想象得那么糟，只要我们保持积极乐观的心态，生活也会对我们微笑。

布鲁斯是一位撰稿人。五年前，他在购买商业人寿保险体检时被查出冠状动脉有阻塞症状。医生对他说，他只剩下一年半的寿命，最好立即辞掉工作，而且不能参加任何体育活动。当时他才 37 岁。

布鲁斯天生是一个乐观、不服输的人，他没有沉浸在身患绝症的痛苦中，而是积极地开动脑筋，为自己制订了一个大胆的治疗方案，希望延长自己的寿命。他每天服用大量维生素C，并实行一种"幽默疗法"：看大量的喜剧片，读著名作家写的滑稽作品。

如今五年过去了，他还活着。在回忆往事时，布鲁斯说："当时我高兴地发现，捧腹大笑十分钟就能起到麻醉作用，使我至少能够不觉得疼痛地睡上两个小时。"他还认为，紧张和压力之类的消极力量会使身体虚弱，而快乐、信心、欢笑、希望等积极乐观的力量则会使身体强壮。

"每次我犯病时，心脏病专家们的表情都很严肃。我对他们说'没有那么严重，各位不必紧张'。"布鲁斯说。不仅如此，他还根据自己的经历得出了这样一个结论：乐观比药物还有用，乐观的人能够想办法让自己活下去。

医学实践证明，乐观绝不仅仅只是帮助你建立一个好心态，还可以起到很大的医疗作用，甚至是挽救一个人的生命。所以，我们完全可以通过改变心境来改变生活，无论生活给了我们什么。

哈佛大学的人生理念告诉我们，生活得快乐与否，完全取决于一个人对人、事、物的看法如何。如果你对自己的现状不满意并且想要去改变，那么你首先应该改变的就是你自己，使自己拥有积极的心态，能够积极乐观地看待自己的环境和命运，所有的问题都有可能迎刃而解。如果你能以乐观的心态去看待所遭遇的每一件事，那么无论遇到任何事情，你都能够在其中发现乐趣。真正的乐观，在任何环境中都不会受到影响。

◎ 哈佛练习题

你是一个乐观主义者，还是悲观主义者？做完这套试题，你就明白了。请以"是"或"否"作答。

1. 如果半夜里听到有人敲门，你会认为那是坏消息，或是有麻烦事发生了吗?

2. 你是否随身带着安全别针或一根绳子,以防衣服或其他东西裂开?

3. 你跟人打过赌吗?

4. 你曾经梦想过中奖或继承一大笔遗产吗?

5. 出门的时候,你经常带着一把伞吗?

6. 你会拿出大部分收入买保险吗?

7. 度假时你是否曾经没预订宾馆就出门?

8. 你觉得大部分的人都很诚实吗?

9. 外出度假时,你会先把贵重物品锁起来,再请朋友或邻居帮你保管家门的钥匙吗?

10. 对于新的计划,你总是非常热衷吗?

11. 当朋友向你借钱并表示一定会还你时,你会借钱给他吗?

12. 大家计划去野餐或烤肉,可当天下雨了,你会按原计划行动吗?

13. 一般情况下,你信任别人吗?

14. 如果有重要的约会,你会提早出门以防塞车或别的情况发生吗?

15. 每天早上起床时,你会期待美好一天的开始吗?

16. 如果医生叫你做一次身体检查,你会怀疑自己有病吗?

17. 收到意外寄来的包裹时,你会特别开心吗?

18. 你会随心所欲地花钱,等没钱时再发愁吗?

19. 上飞机前,你会买保险吗?

20. 你对未来的生活充满希望吗?

答案解析:

评评分标准:第 1、2、5、9、14、16、19 题回答"是"记 0 分,回答"否"记 1 分,剩余的题目回答"是"记 1 分,回答"否"记 0 分。将各题得分相加,算出总分。

测试结果：

0 ~ 7分：你是一个标准的悲观主义者，总是看到人生中不好的一面。解决这一问题的唯一办法，就是以积极的态度面对每一个人和每一件事，即使偶尔会感到失望，你也依然可以增加信心。

8 ~ 14分：你对人生的态度比较正常。不过你仍然可以再进一步，学会以积极的态度来应对人生的起伏。

15 ~ 20分：你是一个标准的乐观主义者，总是看到人生中好的一面，将失望和困难摆在一边。不过，过分乐观也很可能会使你掉以轻心，反而误事。

绝望是另一个成长的开始

带着眼泪的微笑，是最为楚楚动人的。
——曾经就读于哈佛大学的美国社会学家　杰弗瑞·亚历山大

哈佛大学的教授们常说，人类从诞生时起就在与大自然、与各种未知因素搏斗，一个人如果总是一帆风顺而没有艰难困苦，那么他的才能和智慧就无法得到增长，他自然也难以获得成功的喜悦。如果他能够在困境和绝望中坚持下去，乐观地面对一切困难和挫折，不放弃希望，那么他就获得了新生，距离成功也越来越近。

伊夫林·格兰妮是世界一流的打击乐独奏家，许多人都只知道她的才华和她所获得的荣耀，却不知道她为此付出了常人难以想象的努力。

格兰妮八岁开始学习钢琴。日子如泉水般淙淙流过，徜徉在音乐世界里的她也像泉水一样不知疲倦，而且学习热情与日俱增。

然而，就在她对未来充满憧憬之时，她的听力逐渐下降。医生断定，这是由神经损伤造成的，而且这种损伤难以修复，还断言她到12岁时会彻底耳聋。这一消息让格兰妮既震惊又难以置信，她不愿意接受这一事实，陷入了巨大的悲痛和极度的绝望之中。可是，在哭过、闹过之后，她对音乐的热爱依然像以前一样强烈。

"难道我要放弃我热爱的音乐，整天生活在遗憾和痛苦之中吗？不，虽然我很快就会听不见任何声音，但是这并不能阻止我，我还是要成为一名音乐家。"做出这一决定之后，她突然觉得既轻松又高兴，好像现实中的一切困难都不那么可怕了。

随后，她结合自身的情况，制定了一个切实可行的目标——成为一名打击乐独奏家。可是，当时并没有这类音乐家，好在她一直都非常努力，有着深厚的音乐基础，所以她觉得这并不算什么问题，只要继续努力，她完全可以成为第一位专职的打击乐独奏家！为了演奏，她学会了用不同的方法"聆听"其他人演奏的音乐。她穿着长袜演奏，这样她就能够通过她的身体和想象感觉到每个音符的震动。她几乎用她所有的感官来感受着她的整个声音世界。

在听觉完全丧失之后，她毅然向伦敦著名的皇家音乐学院提出了入学申请。她的演奏征服了所有的老师，最后她打破了这个学校从来不接收聋学生的传统，顺利入学，并在毕业时荣获学院的最高荣誉奖。

从此以后，她致力于成为第一位专职的打击乐独奏家，为打击乐独奏谱写和改编了很多优秀的乐章。

失聪的伊夫林·格兰妮之所以能够取得事业的辉煌，就是因为她在绝望中也依然坚持下来，并且乐观地树立了一个理想，而没有自暴自弃。也正是这种坚持和乐观，使她有了克服各种磨难的勇气，最终实现了梦想。

四时有更替，季节有轮回，人生也一样，不可能总是艳阳高照，狂风暴雨随时都有可能来临。但是，就像严冬过后必然是暖春一样，人也有否极泰来、时来运转的时候。逆境达到极点，就会向顺境转化；厄运到了尽头，好运就会来到。不仅如此，在遇到绝境时，人们往往会发挥出平常发挥不出来的能力。也就是说，最困难、最绝望的时候，也就是我们距离成功最近的时候，只要我们乐观地面对一切，继续坚持下去，并且抱着重新开始的勇气，最终一定能够创造新的辉煌。

就像哈佛大学商学院的约翰·戴维斯教授说的那样："人生从来就没有真正的绝境，不服输的人才有希望。"如果你正在绝望的边缘徘徊，那么请别放弃，再坚持一下，再等待一下，再努力一下，说不定奇迹下一刻就出现了。

◎ 哈佛练习题

在遇到失败时，你会绝望还是永不服输？下面这个有趣的测试将帮助你分析你面对失败时的态度。

假如你去参加电视台的智力竞赛节目，该竞赛规定：连续正确回答到第三问时，可得奖金1000元；连续正确回答到第五问时，可得奖金3000元；连续正确回答到第十问时，可得奖金5000元；连续正确回答到第二十问时，可得奖金20000元，外加夏威夷旅行一次。但是，倘若中途答错，则前功尽弃，只能得到"参加奖"——一支圆珠笔作为纪念。现在你已经顺利地答完了第三问，如果就此打住，你可以得到1000元奖金，可你选择了继续挑战，结果失败了，只得到一支圆珠笔。此时你会作何感想？

A. 不管怎样，我都已经答到第四问，挺高兴的

B. 凭能力我应该答得更好，下次有机会再试试

C. 后悔，答完第三问时停止就好了

D. 这个节目的游戏规则制定得不合理

答案解析：

选择 A：不会无谓地逞强，是个能按自己的主意办事的务实派，虽然竞争意识不强，但是知足常乐。

选择 B：能够坦然面对失败，而且竞争意识强烈，富于实干精神，一旦认准一个目标，就会百折不挠地坚持下去，而且不会轻易陷入绝望之中。

选择 C：拘泥于过去的成绩，对眼下的失败不是考虑通过今后的努力来改变，而是转向对自己决策的责怪，态度消极，属于保守型的人。

选择 D：不服输，竞争意识强烈，但是在竞争中往往以自我为中心，一旦遇到挫折，常常把责任推向客观因素，很少会自我反省。

发现自己的优点，珍视自己的价值

人不可能没有弱点，一个伟大的人善于缩小自己的弱点，放大自己的优点。

——哈佛大学教授、古生物学家、科学散文作家　斯蒂芬·杰·古尔德

哈佛人极为推崇自信等积极乐观的好心态。他们认为，每个人的才能都是有差异的，我们不必去羡慕别人的长处，而应当努力发现自己的优点，重视自身的独特价值。

事实的确如此。上帝是公平的，他在为你关上一扇门的同时，也必定会为你打开一扇窗，我们每个人身上都潜藏着独特的天赋，这种天赋就像

金矿一样埋藏在看似平淡无奇的生命里，所以我们根本没必要自惭形秽，认为自己一无是处。也许，在你羡慕别人的同时，你也正被人羡慕着。

一个晴朗的午后，动物们坐在草地上聊天。

狗熊笨拙地挪了挪身子，说："说实在的，我真羡慕小兔子，它太灵活了，跑起来就像一阵风！"

兔子感到有些不好意思，说："我真羡慕小刺猬，它长着一身刺，谁也不敢欺负它。"

小刺猬没想到兔子会称赞自己，所以非常高兴，不过立刻又忧郁起来，说："我真羡慕长颈鹿，它能站那么高、看那么远，我可不行。"

长颈鹿说："我真羡慕小猴子，它能爬得像我一样高，但也能到地面上喝水、采草莓，我却办不到。"

小猴子抓了抓后脑勺，说："我真羡慕梅花鹿，它能在草地上飞快地奔跑，可是我却做不到。"

梅花鹿的胆子很小，听到这话脸都羞红了，说："我真羡慕……羡慕狗熊大伯，它胆子大，力气也大，如果有小树、枯枝挡了它的路，它一巴掌就能把它们劈倒。"

狗熊听了这话，笑着说："看来，生活不是十全十美的，我们都爱羡慕别人，但是我们也有被别人羡慕的地方。我们应该发现自己的优点，珍爱自己，为自己感到自豪。"

每个动物身上都有优点和缺点，可是它们忽略了自己的优点，只知道羡慕别人。其实，人也一样。受各种因素的影响，每个人身上都有这样或那样的不足，有些人总是对自己的缺点耿耿于怀，总以为比不上别人，却没有注意到自己的长处。

在哈佛人看来，在漫漫的人生旅途中，一个人必须善于发现自己的长处，找到自己的强项和优点，才能充分利用自己的优势，为自己创造一个美好的未来。如果你是鱼，那么你就不应该羡慕海鸥能够自由地在天空中飞翔，而应该在茫茫的大海里尽情畅游；如果你是鹰，就不应该因为自己没有花朵的明艳而自卑，而应该飞向蓝天，在广阔的天空中自由地翱翔。许多人获得成功的秘诀，都是找到并努力放大自身的优点，使其成为自己明显的优势。假如你总是将眼光聚集在自己的短处而不是长处上，那么你给自己的人生定位就是错的，你自然也难以取得成功，最终很可能会在自卑和失意中沉沦。

所以，我们要善于发现自己的优点，欣赏自己、珍爱自己，为自己的独特价值而骄傲，并善于利用我们自身的优点，只有这样，我们才能积极乐观地面对生活，进而取得成功。

◎**哈佛练习题**

你发现自己的优点和缺点了吗？做下面这项测试题，看一看你有什么样的心理倾向，并注意扬长避短。

如果坐火车出差或旅游，不需要对号入座，你会选择坐在什么位置？

A. 靠窗的位置 　　　　　B. 靠过道的位置

C. 靠车门的位置 　　　　D. 中间的位置

答案解析：

选择 A：这种人喜欢有一定的私人空间，而且在此期间不希望有任何人打扰；内心有比较强烈的表现欲，而且想获得别人的肯定，喜欢被光环照耀。还有一种可能，就是这种人有时候很冲动，做事不计后果，热情来了会先行动后思考，是一个性格比较单一的人。

选择 B：这种人自我保护意识很强，不轻易相信别人，而且做事谨慎、有规划,从不打无把握的仗。他们也许攻击性不强,但绝对是防守性强的人,还不愿意受外界过多的约束，喜欢自由。

选择 C：这种人把事业放在很重要的位置，但是绝不会只有事业而没有生活，反而很注重生活品质，无论是服装还是居所都追求一定的品位。

选择 D：这种人喜欢顺其自然，希望过悠闲的生活；虽然也有对事物的好奇心，但一旦感觉到情况对自己不利，他们就不会参与，非常理智。

积极拼搏，前方终有猎物

人生最大的快乐不在于占有什么，而在于追求什么的过程。

——诺贝尔医学奖获得者、加拿大生理学家　班廷

哈佛大学的人生哲学告诉我们，积极拼搏是一种难能可贵的精神，它能激励人努力实现自己的理想，使人们在任何情况下都乐观向上，不放弃努力。拿破仑·希尔也曾经说过："许多人之所以能够取得一个又一个胜利，就是因为他们无论遇到什么样的磨难都不灰心，具有勇往直前的拼搏精神。"

1932 年，阿肯色州一个黑人男孩小学毕业了。由于当地的中学不招收黑人，而他家里又没有那么多钱供他去芝加哥继续读书，他的母亲只好让他复读一年，她自己则为 50 多名工人洗衣、熨衣和做饭，为儿子攒学费。

第二年夏天，母亲揣着她一点点积攒起来的那笔血汗钱，带着男孩踏

上火车，来到了陌生的芝加哥。由于男孩是黑人，因此学校里有很多人都看不起他。可是，他并没有因此而消沉，而是积极地面对一切困难和挫折，并把它们当成了前进的动力。后来，男孩以优异的成绩中学毕业，还顺利地读完了大学。

大学毕业之后，他在母亲的资助下创办了一家杂志社，但是刚开始时经营很不顺利。面对巨大的困难和障碍，他感到力不从心，就沮丧地对母亲说："妈妈，看来这次我真的要失败了。"

"你努力尝试过了吗？"母亲问他。

"试过了。"他回答。

"无论什么时候，只要你积极地尝试，努力地拼搏，就不会失败。既然你已经拼搏过了，那你早晚还会成功。"母亲语气坚定地说。

在母亲的鼓励下，他再次渡过难关，最终攀上了事业的巅峰。他就是世界驰名的美国《黑人文摘》杂志创始人、约翰森出版公司总裁、拥有3家无线电台的约翰·H·约翰森。

约翰森的经历告诉我们，失败只有一种，那就是失去信心，不再继续努力；拼搏精神可以改变所谓的命运，奋斗就有希望。只要你积极拼搏，前方终有猎物。

不过，在遇到挫折或困难时，许多人都会像曾经的约翰森一样丧失继续挑战的勇气。其实，挫折、困难、失败教给我们的教训和经验，比成功教给我们的还多，有助于我们取得成功。

哈佛学者温迪·怀特说："要检验一个人的品格，最好是看他在经历了一番磨难之后如何行动，是从此一蹶不振，还是越挫越勇。那些积极乐观的人，无论遇到多么大的磨难都不会放弃努力，而是屡败屡战，用失败激发出自己潜在的力量，使自己更加勇敢、果断。也只有这样的人，才能获得最后的胜利。"这一点已经被无数有所成就的人的事迹证实了。

渴望有一个美好未来的青少年，无论遇到什么样的挫折、困难和失败，只要你能够重新站起来，继续拼搏，就必然会有收获。

◎ 哈佛练习题

做下面这项测试题，看一看你是不是一个积极的人。请根据你的真实情况，从以下五个选项中选择一项作答：A. 我完全不这么认为；B. 这种情况不太适合我；C. 我也不好说；D. 我经常这样；E. 这种情况我最认同或最适合我。

1. 人们基本上是正派的。

2. 父母早就应该教会孩子明辨是非。

3. 我很容易忘记并且不计较个人恩怨。

4. 我认为顾客永远是对的。

5. 我为自己的祖国感到骄傲。

6. 如果看到商店里出售过期的食品，我会告诉店主。

7. 我为当今社会的犯罪和暴力情况感到十分担忧。

8. 我一直在展望并且计划未来。

9. 当其他人喜欢并且尊重我时，我感到很高兴。

10. 我喜欢取悦别人。

11. 我努力去理解他人。

12. 我努力让自己处于良好的精神状态。

13. 我比我认识的大多数人更喜欢微笑。

14. 在第一次与他人会面时，我总是尽量避免以貌取人。

15. 我为人坦率而又公正。

16. 我尽量对任何人都一视同仁，不管他们的出身和身份如何。

17. 我觉得，总得来说，人们总是尽力让自己交好运。

18. 我希望能了解其他人的信仰。

19. 我们对世界以及世界上的人了解得越多，我们的世界将变得越安全。

20. 能让我彻底相信的人屈指可数。

21. 我全力以赴去做好本职工作。

22. 我不怨天尤人。

23. 当看到有些人因循守旧时，我非常生气。

24. 在走路或者站立时，我很少将手插在兜里。

25. 绝大多数时候，我总是让自己的房子和花园保持整洁。

答案解析：

评分标准：每题选择 A 记 1 分，B 记 2 分，C 记 3 分，D 记 4 分，E 记 5 分。将各题得分相加，计算出总分。

测试结果：

90～125 分：从整体上看，你拥有非常积极的人生态度。这种态度会引起别人对你的注意，有利于你的生活。你不需要做太大的改变。

65～89 分：多数情况下，你态度端正，但是你仍然可以有所改进。如果你能经常进行自我分析，既考虑你对生活的态度，又顾及你对其他人以及周围世界的态度，那将是很有益的锻炼。

低于 65 分：你在某些方面存在态度问题，建议你有针对性地分析本套测试题中的某些问题，尤其是那些得分低于 3 分的问题，并争取改进你的态度，这样做对你大有益处。

第七章　每一个哈佛人背后，都有一个出色的团队

懂得合作：没有完美的个人，只有完美的团队

单个的人是软弱无力的，就像漂流的鲁滨逊一样，只有跟别人在一起时，他才能完成许多事业。

——德国著名哲学家、意志主义的创始人　亚瑟·叔本华

在一节主题为"团队合作"的课上，哈佛大学社会关系学教授弗兰克·约翰·琼斯给学生们讲述了一个有名的生物学实验："将一小群工蚁放在一个适合筑窝的地方，这些小蚂蚁出于本能，会立刻动手建筑蚁穴。但是，当蚂蚁的总数量达不到一定级别时，这些勤劳的小蚂蚁就只会建造出许多半个门拱，却始终无法建起一个完整的门；可一旦蚂蚁总数达到一定的级别，那些蚂蚁就会一改之前的盲目、混乱状态，突然变得井然有序起来，而且好像得到了完整的建筑图纸一样，不一会儿就能建造出一个完整的蚁门。"

"为什么一小群蚂蚁不能建成一个蚁门，而一大群蚂蚁可以轻而易举地做到这一点呢？"琼斯教授问台下的学生们，"究其原因，就在于一小群蚂蚁的力量是有限的，无法有效地促成分工，但一大群蚂蚁的力量非常可观，建造完整的门对它们来说根本不算什么。人与人之间也一样，个体的力量毕竟有限，只有大家团结合作，才能取得大的成就。"

的确，每个人都有一定的长处，但是同时也有不足，这就要求我们要懂得利用他人之长补己之短。除此之外，每个人的能力和精力也都是有限的，根本不可能完成所有的事情。所以，我们必须学会与他人合作。合作

的力量是巨大的，无论是古代还是现代，不懂得合作的重要性的人都不可能取得成功，更不可能创造出人类文明。

14世纪，只有教堂里才有风琴，而且必须派一个人躲在幕后"鼓风"，风琴才能发出声音。

有一天，一位音乐家在教堂里举行演奏会。一曲既终，观众报以热烈的掌声。音乐家走到后台休息，负责鼓风的人兴高采烈地对音乐家说："你看，我们的表现不错嘛！"音乐家不屑地说："我们？你指的难道是你和我？你算什么！"说完，他就回到台上，准备演奏下一支曲子。

但是，当他按下琴键时，没有任何声音。音乐家立刻意识到问题出在哪儿了，只好焦急地跑回后台，语气诚恳地对鼓风的人说："是的，我们确实表现得很好。"鼓风的人这才消了气，继续鼓风配合他。

即便是出色的音乐家，没有他人的配合也无法完成演出，可见互相孤立甚至无休止地争斗有多大的危害，只有与人协作才能为双方营造出一个互惠互利、和平安宁的生存环境，并使双方都拥有强大的执行力和竞争力，从而在人生之路上走得更远。

在合作的过程中，还需要整个团队成员往一处用力，而不至于像一盘散沙一样各行其是，这就要求有明确的分工，就像琼斯教授所说的那样："各个成员要分工明确，并且各自用心扮演好自己的角色，只有这样，整个团队才能达到最完美的协作，最终成为一个完美的团队。"

当今社会的竞争越来越激烈，只有拥有了团结合作这笔财富，个人和集体才能在残酷的竞争中求得生存。所以，渴望像哈佛人一样取得成功的青少年们，你们应该学会与他人合作，从而使自己能够在激烈的竞争中立于不败之地。

◎ **哈佛练习题**

你是一个具有合作精神的人吗？做做下面的测试题你就知道了。

1. 你买了一辆新车，你刚骑两天，就有同学要借用，你会怎么做？

A. 觉得没什么，可以借给他（她）

B. 对他（她）说："如果你有急事，我可以借给你，别的不行。"

C. 怕车子被弄坏，断然拒绝

2. 上学途中，你看到邻居背着很多东西回家，他气喘吁吁地向你打招呼，而上课时间就快到了，这时你会怎么做？。

A. 帮他（她）抬一会儿，然后说："我赶着上学，不能再帮你了，对不起。"

B. 帮他（她）把东西送到家，到学校向老师解释迟到的原因

C. 打一声招呼，各走各的

3. 你想吃巧克力，但你包里的钱只够买一块，而你身边却有三四个同伴，这时你会怎么做？

A. 叫别人也掏钱买，大家一起吃

B. 买一块，掰开，大家分着吃

C. 买一块自己吃，最多跟他（她）们客气一下

4. 你刚刚被选为生活委员，班主任让你安排一次大扫除，你会怎么做？

A. 按各人能力分配，能力强的人多做一点

B. 尽可能平均分派

C. 让关系好的同学干轻松的活，别人干重的

5. 在帮助别人之后，你通常会怎么想？

A. 心里很高兴

B. 觉得自己只是碰巧帮助了别人

C. 心想："下次有事找对方帮助时，他（她）是不会拒绝的。"

6. 你们几个好朋友在暑假期间打工，开学以后你发现他（她）们的

收入都比你少，这时你心里会怎么想？

A. 真心希望他（她）们下回多挣一些钱

B. 认为自己的运气比他（她）们好

C. 产生一种优越感，私下以为自己能力比他（她）们强

7. 邻居大娘养了一条狗，但她讨厌雨天，所以每次下雨时她都要求你帮她把狗牵出去散步，你会会怎么想？

A. 很乐意帮忙，并且主动去牵狗

B. 不好意思不牵，但每次都磨磨蹭蹭，很不情愿

C. 以有事为借口拒绝

8. 你爸爸有一个同学，他无论职位还是薪水都比你爸爸高得多，你会怎么想？

A. 觉得爸爸老实、愚钝，确实比不上他（她），希望自己将来能够像他（她）而不像爸爸

B. 他（她）只是比爸爸运气好而已

C. 他（她）肯定熟悉请客送礼巴结上司那一套，没什么了不起的

9. 同桌经常向你要钢笔水用，虽然这东西不值钱，但他（她）每次都说忘记买了，你会怎么想？

A. 毫不介意，每次都借给他（她）

B. 买一瓶放在他（她）的课桌上，他（她）给你钱也不要

C. 生气了，干脆不借给他（她）

答案解析：

评分标准：每题选择 A 选项记 2 分，B 选项记 1 分，C 选项记 0 分。计算总分。

测试结果：

0 ~ 6 分：你不善于合作，认为"助人为乐"的人是傻瓜。具有这种

性格是极其危险的，它不但会令你失去很多生活乐趣，还会对你的前途造成很大影响。

6～12分：你的合作意识很强，人际关系也不错。不过，你在帮助别人时总希望得到回报，也就是说你跟别人合作是有条件的。

12～18分以上：你很富有合作精神和领导才能，能成为事业上的宠儿。这种好品质同时还能使你拥有很多朋友，在你需要帮助时，总是有许多双温暖的手伸向你，祝贺你！

有效沟通，融入团队的黄金法则

没有交流就没有进步，只有沟通才能赢得人心。

——哈佛大学社会科学教授　约翰·怀特·麦克奎恩

微软公司前首席执行官兼总裁、哈佛大学毕业生史蒂夫·鲍尔默曾说："一个人只是单翼的天使，只有两个人抱在一起才能展翅高飞。"这句话强调了与人合作的重要性。不过仅仅重视这一点还不够，还需要完全融入团队之中，与其他成员默契地配合，这样才能充分发挥出自己的才能，并且调动其他成员参与的积极性，使集体的力量得到最大限度的发挥。而要做到这一点，无疑需要有效的沟通。

沟通是人际交往中最重要的组成部分。就拿企业的日常管理来说吧，一方面，领导者与基层的有效沟通有利于领导者更好地把握公司的生产情况，并使领导者在制定企业战略措施时有章可循、有据可依。另一方面，员工之间保持沟通，能及时、准确地了解自己的工作进程，更加高效地完成工作任务。由此可见，沟通的作用是巨大的，值得我们重视。

哈佛大学人际关系学教授米歇尔·特纳曾经用一句话强调了沟通的重要性："没有交流就没有进步，沟通能够让整个团队变得强大起来。"只有团队成员之间做到有效沟通，大家才能配合默契、团结一心，进而达到加强团队力量的目的。

不过，在现实当中，不善于沟通的人随处可见，"独行侠"更是比比皆是。这种人往往喜欢搞"个人英雄主义"，他们为了体现自己的独特价值，不惜损害甚至牺牲其他成员乃至整个团队的共有价值。这里还是以企业的日常管理为例：在工作中，有些员工不但不愿意跟同事交流工作经验和心得，还刻意与同事保持距离，甚至故意使同事犯错误。他们这种单打独斗的行为既阻碍了员工之间的正常交流，也为公司增加了许多原本可以避免的损失，因为许多新员工最缺少的就是经验，如果能有具有合作意识的员工为他们介绍工作中一些应该注意的问题，就会使他们少走许多弯路，尽早做出成绩。在其他需要发挥集体力量的活动中，情况也是如此。

俗话说："独木难成林。"无论一个人再怎么优秀，如果他不能抛开"个人英雄主义"，与其他成员深入沟通，融入团队之中，那么他们之间就难以产生默契，自然也不容易达成共识。比如，在学习小组中，如果小组成员之间缺乏交流，就难以发挥出小组成员之间默契配合、互帮互助、共同提高的优势，使学习小组的存在失去意义。

即便是家庭成员之间，也需要多多交流，否则家庭中就会缺少一份了解、理解和信任。大家只有多多交流，才能心灵相通，让家中洋溢着浓浓的亲情。

约瑟芬虽然只有16岁，却劣迹斑斑：抽烟、酗酒、早恋……她的父母埃文斯夫妇为此伤透了脑筋。

一天，埃文斯夫妇俩吃过晚饭已经很久，约瑟芬还没有回家。埃文斯先生焦急地等女儿回来，还不时透过窗口向楼下望去，希望能够看见女儿的身影。快到 10 点时，约瑟芬终于回来了，是跟一个埃文斯夫妇俩都不认识的男孩一起回来的。在跟男孩道别时，约瑟芬挑衅似的与他亲吻了长达半分钟。这一幕被埃文斯先生尽收眼底，他气得暴跳如雷，决定给女儿一点儿颜色瞧瞧。

当约瑟芬走进房间里时，埃文斯先生因为愤怒而浑身发抖，他几乎咆哮着对她吼了起来："你怎么能如此放肆？要知道我和你妈妈那么辛苦地把你养大……"这个在父母眼中已经一无是处的姑娘显然并不想买父亲的账，只见她头也不回地向自己的房间走去，随后"嘭"的一声关上了房门。

埃文斯太太伤心欲绝，她小心翼翼地对丈夫说："约翰，我们也许并不爱约瑟芬。"

"什么？如果我们不爱她，为什么还要如此管束她？"埃文斯先生说。

"是这样的，"埃文斯太太说，"我们从来都没有想过女儿的感受。也许我们都太自私了，只是一味地教训她，却不愿意替她想一想，或许她正为这个恼火呢。"

听埃文斯太太这么一说，埃文斯先生恍然大悟，他快步走进女儿的房间，诚恳地向女儿道了歉，请女儿原谅他这个不合格的父亲。

奇迹出现了，约瑟芬第一次痛哭流涕地说："我还以为你们已经对我失望透顶，不愿意再关心我了……"

通过交流，埃文斯夫妇了解了女儿的心声，重新找回了失去的亲情。只有一个个家庭中充满了温馨，才能促进社会这个大集体的和谐发展。

虽然青少年的主要任务是学习，但是也必要从现在起培养和提高自己的沟通能力，使自己尽早掌握融入团队的方法，以便将来能够更好地与人合作。要想做到这一点，可以试着采用一些沟通技巧。一是主动与团队其他成员交流，掌握沟通的主导权。二是让对方多开口，满足对方的表现欲，给对方留下一个好印象。三是求同存异，从双方的相似之处或双方共同关注的话题说起，寻求感情上的共鸣。四是投其所好，满足对方被重视的心理需求，加深对方对你的好感。五是引导对方说"是"，从而达到与对方建立合作关系的目的。

◎ 哈佛练习题

请阅读下面的题目，并根据自己的实际情况回答"是"与"否"，测一测你的沟通能力。

1. 我经常召开部门会议，既讨论工作，又探讨一些大家感兴趣的问题。

2. 我会定期与每个下属谈话，讨论其工作进展情况。

3. 我每年至少召开一次总结会，表扬先进，鞭策后进，同时让大家畅所欲言，以广泛征求意见。

4. 我尽量少下达书面指示，多与部下直接交流。

5. 当单位里出现人事、政策和工作流程的重大调整时，我会及时召集部下开会，解释调整的原因及这些调整对他们今后工作的影响。

6. 我经常鼓励部下畅谈未来，并帮助他们设计未来。

7. 我经常召集"群英会"，请员工为单位经营出谋划策。

8. 我喜欢在总经理办公会上将本部门的工作进展公布于众，以求得其他部门的合作和支持。

9. 我常在部门内组织协作小组，提倡团结协作精神。

10. 我鼓励员工积极关心单位事务，踊跃提问题、出主意、想办法，集思广益。

11. 我喜欢做大型公共活动的组织者。

12. 我在与人谈话时喜欢掌握话题的主动权。

答案解析：

评分标准：回答"是"记1分，"否"记0分。计算出总分。

测试结果：

8～12分：你善于与他人尤其是下属交流，促进双方的了解，因此能够避免各种因沟通不足而产生的问题。在原则问题上，你既善于坚持、推销自己的主张，又能争取和团结各种力量。你自信心强，部下也信任你，因此你的部门中充满了团结协作的气氛。

4～7分：你比较重视将自己或上级的命令向下传达，但不太注重听取下级的意见，认为众口难调，征求意见只会使问题复杂化。因此，在你的部门里，虽然各项任务都能顺利进行，但是下属工作的积极性不高，只是在机械地执行命令。

0～3分：由于你对交流能力的重视不够，导致你距离优秀的管理者尚有一段不小的距离。要知道，作为一名管理者，你有责任主动将充分的信息传达给下属，而不应该让他们千方百计地自己去寻找信息。

学会站在对方的角度上看问题

关爱是一把金钥匙，有了它，一切心扉都会向你敞开。

——哈佛大学医学博士、美国成功学奠基人　奥里森·马登

在学习、工作、人际交往等活动中，许多人都习惯于以自我为中心，

而不顾他人的感受，甚至把自己的观点强加给他人。这种做法非常不可取，正确的做法是学会换位思考。哈佛大学社会科学教授菲利普·阿德勒说："学会换位思考，把别人的问题当成自己的问题，真诚地关心别人，是培养道德和提高情商的开始。"

所谓换位思考，就是站在别人的立场上考虑问题。这要求我们既要转换思维模式，又要怀着一丝好奇心去探寻别人的内心世界，以便弄清楚他的所思、所想、所感，进而"对症下药"，而不是仅仅以自己的经验和感受来解决问题。

多站在其他团队成员的立场上考虑问题，多顾及他们的感受，让他们觉得自己受到了重视和赞赏，不但能够赢得他们的喜爱和尊重，还能使他们积极地配合我们，对维持团队的和谐非常重要。就像被《吉尼斯世界纪录大全》誉为"世界最伟大的销售员"的乔·吉拉德说的那样："当你认为别人的感受和你自己的一样重要时，才会出现融洽的气氛。"无论是从事销售、心理咨询等工作，还是给病人治病，或是其他行业的工作，融洽的团队气氛都是取得优秀成绩的关键因素。所以，如果你想得到团队成员的配合，做出优秀的业绩，最好能够真诚地从他们的角度考虑问题。

杰森和几个同伴一起徒步旅行。由于路途遥远，所以每个人的背包里都装了许多东西。

一次中途休息时，一个来自沿海国家的外国人拿出几袋香辣鱼干，分给了大家。杰森是学营养学的，知道鱼干这种腌渍食品对人体健康危害极大，所以本能地对它有一种抵触情绪，不过看见那个外国人一脸热情的样子，他还是笑着接过了鱼干，并且诚恳地向对方表达了谢意。

那个外国人看到杰森笑得那么开心，也开心得像个孩子似的。

送鱼干给别人的那个外国人，一定希望同伴们能够欣然接受自己的馈赠。杰森不但考虑到了他的这种心情，还做出了符合他期望的反应，因此他才如此高兴。由此可见，为对方着想的确非常重要，它不但有利于双方感情的交流，还能让整个团队都怀着愉快的心情将正在做的事情继续下去。

不过，现实之中很多人做不到这一点，他们只注重自己的感受。而一旦缺少换位思考，过于武断地"想当然"，得出的结论就难免有失客观，使问题变得棘手；如果说话或做事不考虑时间、场合和别人的感受，那么我们的人际关系就会遭到破坏。即便是亲人之间的交往，也不能少了换位思考，而应该多替对方着想，做到以心换心，否则双方的感情就会因为"想当然"等因素而出现裂痕。

就像菲利普·阿德勒教授说的那样："那些能够设身处地地为他人考虑，并根据对方的心里活动来采取相应对策的人，往往能获得良好的人际关系，在学习、生活、社交、工作等方面取得较大的成就。"当我们希望获得他人的理解，想到"他怎么就不能为我想想"时，我们可以试着主动站在对方的角度思考，这么一来，也许许多误会、矛盾或问题就会迎刃而解。

◎ 哈佛练习题

你是善于为别人考虑，还是总是沉浸在自己的小圈子里，不愿意跟别人打交道？请认真回答下面这道题，测试一下你是否有自闭症倾向。

你认为孙悟空的筋斗云最多可以坐几个人呢？

A. 只可以坐 1 个人，不能勉强增加人数

B. 可以坐两个人

C. 4 ~ 5 人

D. 事在人为，十个人也可以

答案解析：

选择 A：你喜欢独处，不愿意受到别人的干扰。在别人看来，你是一个有自闭症倾向的人。

选择 B：你虽然性格比较内向，但是你的内心深处需要一个伴，一个可以倾诉心事的挚友。你认为朋友不用多，有一个知己就够了。

选择 C：你基本上是一个爱热闹、喜欢跟一群朋友一起玩的人。

选择 D：你非常害怕寂寞，对你来说，朋友和恋人是不可或缺的。

会赞美的人让人际关系更融洽

赞扬，像黄金、钻石，因稀少而有价值。

——英国诗人、散文家、传记家　塞缪尔·约翰逊

在成长的过程中，有些孩子因为受到父母及长辈的过度宠爱，逐渐变得唯我独尊，甚至有些自私。他们总以为自己是社会的轴心，所有的事情都应该以满足他们的需求为出发点，所以他们的眼光是向上的，根本看不到别人的优点，也不懂得赞美别人。这种观点和做法是不对的。

赞美是对别人的长处的认可，它满足了对方被了解、被肯定和被赏识的心理需求。尤其是在一个人感到沮丧、萎靡不振甚至绝望时，别人的赞赏能够带给他极大的快乐和自信，激励他勇往直前。无论是多么冷漠的人，都很少对别人的赞扬和认可设防。一句简单而又看似无心的赞扬、一个认可的表情，往往就是良好关系的开端，人与人之间的距离由此拉近。总之，

对人类来说，赞美就像和煦的阳光一样重要。幽默作家马克·吐温甚至说："一句赞美可以支撑我活两个月。"

赞美不但能够提升被赞美者的自信，增加他们生活的勇气，还可以使赞美者受益。许多企业领导者就善于真诚地赞美下属，以此来维系融洽的上下级关系，从而激励对方更努力地工作。

某公司有一位清洁工，他原本非常不起眼，很容易被人忽略，但是有一天晚上，当窃贼偷偷潜入公司偷盗钱财时，他及时发现，并与盗贼进行了殊死搏斗，为公司挽回了损失，因此受到了公司的表彰。

在表彰大会上，当主持人问他为什么有这么大的勇气时，他的回答让所有人都大吃一惊。他说："因为总经理每次经过我身边时，都会对我说一句：'你打扫得真干净。'"

一句小小的赞美，就能让清洁工奋不顾身地与窃贼展开殊死搏斗，可见赞美有多重要。

许多取得了一定成就的人也都有赞美别人的好习惯。他们不像普通人那样总是纠结于别人不好的地方，而是把目光放在别人的长处上，并对之大加赞扬，使别人受到极大的鼓舞，甚至能够改变别人的命运。

勃拉姆斯出生于汉堡。他家境贫寒，少年时便为生活所迫而混迹于酒吧。他酷爱音乐，却由于是一个农民的儿子而无法得到受教育的机会，所以他对自己的未来毫无信心。然而，在他第一次敲开舒曼家大门的那一刻，他的命运从此改变。

当时，他带着一首他最早创作的C大调钢琴奏鸣曲草稿，大着胆子敲响了大音乐家舒曼的家门，没想到舒曼不但请他进屋，还请他演奏一曲听听。等他演奏完那支奏鸣曲，站起来等待舒曼给予评价时，舒曼热情地张开双臂，抱住了他，兴奋地大喊："天才！年轻人，你简直是个天才……"这句由衷的赞美使勃拉姆斯的自卑顿时消失得无影无踪。

从此以后，勃拉姆斯就像换了一个人似的，不断地把心底的才智和激情宣泄到五线谱上，最终成为音乐史上卓越的艺术家。

哈佛大学的教授们在赞美学生这一方面从不吝啬，他们不但自身意识到赞美的强大魅力，还反复向学生们强调赞美的重要性："赞美是人际交往中最好的润滑剂。"所以，那些总是自以为是的青少年，你们不能只想着自己的成就、需要，还应该尽量发现别人的优点，多多赞美别人，与身边的人和睦相处，说不定会有意想不到的收获呢。

◎哈佛练习题

赞美能够让人与人之间的关系变得更融洽，也有利于人们的合作。当然，除了赞美之外，还有其他能够维持这种良好的人际关系的方法。你能完全掌握这些方法吗？请做下面这道题测试一下。

如果有必要在自己家周围筑一道围墙，你会选用下列哪一种材质？

A．铁质　　　 B．砖质　　　 C．木质　　　 D．在房子周围栽上树

答案解析：

选择 A：你容易感情泛滥。你自信又不服输，对那些感情丰富的异性具有很强的诱惑力。但是，主动权不会永远在你手里，所以合作时不要一味地利用别人的天真。

选择 B：你属于社交家。你聪明、睿智、活泼开朗、心胸宽广，与任何人都能交往，拥有许多同性和异性朋友。但你要注意，在与他人合作时不要一味地当好人，以免被人误解。

选择 C：你爱憎分明。对自己喜欢的人，你会热情地与之交往，并且

懂得赞美他；而对自己讨厌的人，你则冷若冰霜。在交友时，你很有选择性，而且非常投入。所以，在合作中，你也可能因看错人而吃亏上当。

选择D：你外冷内热。你在不熟悉的人面前不会多说话，只有双方关系融洽之后你才会展示你开朗的一面。你交朋友的标准很严格，虽然朋友不多，但他们绝对都是值得信赖的。

真正的成长是与团队共同成长

只有在集体中，个人才能获得全面发展其才能的手段。

——德国政治家、经济学家　卡尔·海因里希·马克思

哈佛大学商学院是世界最著名的商学院之一，它为全世界培养了无数的商业精英，所以每年都有许多人竞相报考，希望能够成为其中的一员，与它一起成长。那些哈佛大学的商业精英经常会把这样一句话挂在嘴上："只有实现和公司的同步发展，公司才能赋予你相应的使命，你也才能实现个人的成长。"

就像孤雁需要雁群一样，每一个人都离不开团队的庇护和提携，只有和团队共同成长，才能真正体会到收获的快乐。

石油大亨保罗·盖蒂年轻时家境并不好，因为他们家只有一大片收成很差的旱田，有时挖水井，甚至会冒出又黑又浓的液体。

后来，保罗·盖蒂才知道这种液体是石油，于是他将旱田变成了油田，

并且雇用了一批工人帮他开采石油。只要有时间，保罗·盖蒂就会跑到油井旁边去看一看工人们的工作进度，经常能够看到闲人和严重的浪费现象。于是，他找来工头，请工头解决这些问题，工头满口答应了。可是，当他下次再去时，闲人和浪费现象依然如故。保罗·盖蒂百思不得其解："为什么我每次来都能看到这些现象，而那些工头天天在此却对它们视若无睹呢？"

为了解决这些问题，保罗·盖蒂去请教了一位管理专家。这位专家只说了一句话："因为那是你自己的油田。"这句话点醒了保罗·盖蒂。他立即叫来所有的工头，向他们宣布："从今以后，油井交给各位负责经营，收益的 25％ 由各位全权分配。"

此后，保罗·盖蒂再到各油井去巡视时，发现不仅浪费、闲人现象消失了，而且产出大幅增加。正是借助于这种高效的经营，保罗·盖蒂才得以逐步兼并一个个小石油公司，创建了自己的石油王国。

保罗·盖蒂能够取得如此巨大的成就，无疑得益于他找到了一个好办法，即让员工与公司一起成长、与老板一起分享收获的喜悦。

即便不能像工头一样与老板分享胜利的果实，我们也应该认识到，当我们成为一个团队中的一员时，这个团队就已经和我们的人生联系在一起了。我们要想充分发挥自己的才能，更快地成长起来，首先必须让这个团队壮大起来，并与团队共同成长。要知道团队的成功。就是我们个人的成功；团队的失败，当然也就是我们个人的失败。也就是说，团队与个人是"一荣俱荣，一损俱损"的关系，只有团队成长壮大了，个人才能从中收获更多。因此，我们每个人都应该主动为团队效力，让团队不断成长，同时使自己得到相应的回报。

除了要意识到与团队一起成长的重要性之外，哈佛大学的商业精英们还提醒我们要学会适应不断变化的局势，以便我们自己和团队都能够快速地成长。

正处于学习阶段的青少年们，虽然我们无法控制外部环境的变化，但是我们可以改变自己，以期更好地适应环境。只有善于改变，我们才能不断拉长自己的"素质短板"，增强自己的竞争力，进而更好地融入团队之中，与团队共同进步。

◎哈佛练习题

家庭、学校、公司以及其他组织都可以说是一个团队，而你是团队中的一分子。那么，你在团队中扮演什么角色呢？是举足轻重，还是微不足道，抑或是与团队一起成长，甚至使团队因你的存在而更有生机？请做以下测试题，看一看你的真实情况。

天气不错，你走到体育中心，发现一个可爱的小女孩手里拿着一个气球，你感到眼前的一切都是那么的美好，突然，气球从小女孩手中飞走了，你觉得气球最后会怎样？

A. 会被小女孩旁边的大人顺手抓住　　B. 被鸟啄破

C. 挂在树枝上　　　　　　　　　　D. 飞到高空，最终消失不见

答案解析：

选择 A：你常常扮演弟弟、妹妹般的角色，在集体里很受众人疼爱。你可以继续发挥你的长处，让更多人喜欢你。

选择 B：你平常虽然话不多，但是心思缜密，只要你一开口，就会引起别人的重视。建议你继续保持优势，少说不必要的话，让自己显得更有权威感。

选择 C：你是领导型的人，你的高瞻远瞩颇得众人信赖。

选择 D：你很有创意。在团队中，你最好负责企划方面的事务，你的想象力和创造力会让别人大吃一惊。

学会分享：分享是人际交往中重要的内容

生命本应是一个充满欢愉的旅程，在这样的旅程中我们多半是踽踽独行，但总要与人分享你的感受。

——哈佛大学毕业的美国作家、哲学家　亨利·戴维·梭罗

作为世界一流的大学，哈佛大学能够长盛不衰的很大一个原因就在于它开放的交流环境和治学态度。哈佛人懂得，要想保持自己的高贵，就必须让自己的"邻居"也高贵起来；要想拥有一片花的海洋，就必须跟其他人一起种植花卉，并与其他人分享美丽。

为了让学生们深刻地领会分享的重要性，哈佛大学人类学教授沃特·威廉姆斯讲述了下面这则故事。

荷兰有一个精明的花草商人，他从遥远的非洲引进了一种名贵的花卉。为了卖个好价钱，他打算花三年的时间培植这种花卉，等培植到上万株时再将它们统一出售或馈赠，所以当亲友向他索要这种花卉时，一向慷慨大方的他却连一粒种子也舍不得给他们。

第一年春天，他的花圃里万紫千红，那种名贵的花卉开得尤其鲜艳，就像一缕缕明媚的阳光。第二年春天，这种花卉的总数已经达到五六千株，但是他和朋友们发现，这一年的花没有去年开得好，不仅花朵变小了，花色也不那么纯了。到了第三年春天，这种花卉已经有上万株了，可是

令这个商人沮丧的是，这些花变得更不堪了，完全没有了它在非洲时的那种雍容和高贵。当然，他也没能靠这些花大赚一笔。

这一结果令这个商人陷入了困惑之中："难道这些花退化了？可是非洲人年年大面积地种养这种花，也没有出现这种情况呀。"为了解开心中的疑惑，他请来了一位植物学家。

植物学家走进花圃，四处看了看，然后问商人："你这花圃隔壁是什么？"

商人回答："是邻居的花圃。"

植物学家又问："他们也种植这种花吗？"

商人摇摇头说："这种花在全荷兰甚至整个欧洲也只有我一个人在种植，其他人的花圃里都只有郁金香、玫瑰、金盏菊等普通花卉。"

"这就难怪了，"植物学家说，"是你邻居家花圃里其他品种花卉的花粉被风吹到了你的花圃里，使这种名贵花卉的基因发生了改变，不再像以前一样纯正，所以它才变得一年不如一年，最终丧失雍容华贵之气。"

商人听了，连忙向植物学家请教对策。

植物学家说："谁能阻挡风传授花粉呢？要想使你的名贵之花不失本色，只有一种办法，那就是让你邻居的花圃里也种上这种花。"

于是，商人就把自己的花种分给了邻居。次年春天花开的时候，商人和邻居的花圃几乎成了这种名贵之花的海洋：到处都是花朵又肥又大、花色典雅的花，朵朵流光溢彩、雍容华贵。这些花一上市，便被抢购一空，商人和邻居都大赚了一笔。

讲完上面这则故事，威廉姆斯教授又说："狭隘的想法只会同时将自己和别人带进死胡同，可是如果多与人分享，我们的眼里就会多出一道美丽的风景。"的确，想要拥有名贵的花卉，就必须懂得分享，使邻居也种上同样名贵的花。

精神世界也一样，一个人想要维持高尚的品德，保持自身的纯洁和华贵，就需要懂得与人分享，如果总是孤芳自赏，不但会使自己的品德枯萎，还会让那些原本美丽的事物因为乏人欣赏而失去存在的意义。真正的快乐，不是将所有美好的事物都收入自己的囊中，而是与他人一起分享其中的乐趣。只有懂得与人分享的人，才能真正地发现、欣赏并拥有那些美好的事物。

分享才能共赢。无论是在自然界还是在企业组织中，这个道理都是通用的。任何人都不是孤立地存在于社会之中的，人与人之间总是有着这样或那样的联系，都需要直接或间接地给予和接受，无论少了哪个环节，都必将影响到整体，个体也必然会受到一定的影响。在团队中，如果每个团队成员都能学会分享，个人和整个团队都将更上一层楼。

不过，受各种因素的影响，许多独生子女在物质条件得到不断满足的同时很难做到与人分享这一点。其中有些人甚至认为："把我好不容易得来的东西跟别人分享，岂不白白地便宜了别人，甚至让他踩在我的肩膀上？"事实上，分享并不会令我们失去很多，反而能让我们分享到更多。具体地说，分享是一项"长远的投资"，能够使我们拥有好人缘和良好的学习、生活和工作环境。

所以，面对生活中的得失，青少年朋友们的目光不宜太短浅，心胸也不要太狭窄，而应该学习哈佛人的精神，牢记付出大于索取，学会与人分享生活中的一切，这之中不但包括困难和痛苦，还有成功和喜悦，只有这样，才能让无私和爱心充盈我们的内心，进而提升我们的形象，并使人们能够深刻地体会到人与人之间的关爱，拉近彼此之间的距离，使这个世界多一些温暖。

◎ **哈佛练习题**

你是一个懂得分享的人，还是一个为了争取私利而不惜用尽一切方法的人？请从以下选择中选出你完全支持或在很大程度上支持的选项，测一测你的大致情况。

1. 我觉得警察有时可以触犯法律。

2. 老实、忠诚的人往往无法应对一切。

3. 我认为大多数人的失业都是由懒惰造成的。

4. 我绝对不会改变我的生活方式。

5. 人们应该在他人面前尽可能地隐藏自己的感觉。

6. 我很愿意自我批评，所以不需要别人再批评我了。

7. 在看到世界上的所有困苦时，人们只能视而不见，充耳不闻。

8. 我认为母亲打孩子一个耳光是很正常的事。

9. 信任别人的人会很快被抛弃。

10. 我理解那些时不时地装病不去上班的人。

11. 自我控制对大多数人来说都比较困难，但是我能够做到这一点。

12. 对我最好的朋友，我也不总是十分信任他。

答案解析：

评分标准：计算你支持或在很大程度上支持的选项数，每选一项记1分，计算出总分。

测试结果：

少于13分：你很温和，很谨慎，爱动脑筋。不过，对你来说，也许你面对生活时经常感到无能为力，而不是采取强硬态度去争取自己想要的东西。

14～20分：你懂得跟人分享，但是也会视情况争取自己想要的东西。

21分以上：你善于运用"手腕"，做事奉行先下手为强的原则，为了自己的利益能够无所顾忌。

第八章　永远坐在前排：让优秀成为一种习惯

不走寻常路：哈佛学生"可怕"的领袖风范

独辟蹊径才能有新发现，在街道上挤来挤去不会有什么作为。

——哈佛大学经济学系肄业生、著名的网球运动员　布莱克·詹姆斯

在谈到有关"成为领导者必备的条件"这个问题时，曾经就读于哈佛大学的管理专家比尔·埃文斯说过这样一句话："要想成为一名优秀的领导者，必须具备独特的思维方式，不走寻常路，这样才能打破常规，带领下属走上新的道路。"

现实社会里，许多人为了过安稳的生活，往往不会违背主流。所谓主流，可以理解成顺从大众的一种潮流。主流事物往往遵循既定的规律和法则，结果可以预见，也相对稳定，所以追求主流的人占了多数。不过，如果我们一味地遵守约定俗成的规则，缺乏标新立异的勇气，就会丧失创新基因，难以有所发明和创造。要想挖掘无穷的创造力，必须敢于摆脱规则的束缚，另辟蹊径。

标新立异是人的智慧凝结而成的一种创意。它通过活跃的思维、合适的手法，把精彩的创意表现得淋漓尽致。那些在事业上取得巨大成就的人，普遍都敢于标新立异，踏上一条不寻常的道路。

1982 年，太阳马戏团成立。决策者意识到自己没有能力与当时的行业领导者——小丑之王马戏团竞争，决定采用蓝海战略打入市场。

158

蓝海战略认为，整个市场就像一个海洋，这个海洋由红色海洋和蓝色海洋组成，红海代表现今存在的所有产业即我们已知的市场空间，蓝海则代表当今还不存在的产业即未知的市场空间，企业只有超越传统的产业竞争，避免在有限的土地上求胜，努力开创全新的市场，才能在激烈的竞争中占据一席之地。运用蓝海战略，主体的视线将越过现有的竞争边界，转而注意满足买方的需求，将不同市场的买方价值元素筛选并重新排序，从给定结构下的定位选择向改变市场结构本身转变。

太阳马戏团正是基于这种战略的考虑，取消了传统马戏团上演的动物表演，既避免了动物保护团体的抗议，又大幅降低了运营成本。随后，马戏团大胆创新，招募了一批体操、游泳、跳水等专业运动员，把他们训练成了专业的舞台艺术家。除此之外，马戏团还摆脱了传统马戏团的桎梏，运用绚丽的舞台灯光、华丽的舞台服装、美妙动人的音乐，融合歌舞剧的节目情节，创造了前所未有的感官体验。

此举使得人们耳目一新，太阳马戏团一炮而红。

太阳马戏团能够在激烈的竞争中创造辉煌的业绩，就是因为它敢于独树一帜，从而找到了一条适合自己的规模、特点的新道路，掌握了竞争的主动权。

这种另辟蹊径的理念也适用于青少年个人的创新行为。作为没有什么经验的社会新人，也应该走一条不寻常的路，努力拓展自己的"人生蓝海"。不过，有一点需要注意，那就是标新立异时要注意结合自己的个性。在这个竞争激烈的年代，我们不仅要面对才能的竞争，还要弄清楚自己的独特之处，并且坚持自己的个性，如果盲目从众，就很难让自己潜在的优势得到充分的发挥。也就是说，只有做到"人无我有，人有我优"，实现独特的创新，才能为将来的成功奠定坚实的基础，并且成为像比尔·埃文斯所说的那种领导者。

◎**哈佛练习题**

领导者大多数都有"荣华富贵如浮云"的心态、"天塌地陷心自若"的风度，这些你都具备吗？请用"是"和"否"回答下列问题，测一测你是否具备成为领导的素质。

1. 你经常让对方觉得不如你或比你差劲吗？

2. 你习惯于坦白自己的想法，而不考虑后果吗？

3. 你不喜欢标新立异吗？

4. 为了避免与人发生争执，即使你是对的，你也不愿意发表意见吗？

5. 开车或坐车时，你曾经咒骂过别的驾驶者吗？

6. 你总是让别人替你做重要的事吗？

7. 你遵守一般的法规吗？

8. 如果朋友学习不好，你会有强烈的反应吗？

9. 与人争论时，你总爱争输赢吗？

10. 你永远走在时髦的前列吗？

11. 别人拜托你帮忙时，你很少拒绝吗？

12. 你是个不轻易忍受别人的人吗？

13. 你故意在穿着上吸引他人的注意吗？

14. 如果有人笑你身上的衣服，你会再穿它吗？

15. 你穿过那种虽然好看却不舒服的衣服吗？

16. 你经常对人发誓吗？

17. 你曾经大力批评过电视上的言论吗？

18. 你经常向别人说"抱歉"吗？

19. 你对反应较慢的人没有耐心吗？

20. 你喜欢将钱投资在财富上，而胜过个人成长吗？

答案解析：

评分标准：回答"是"记1分，"否"记0分，计算出总分。

测试结果：

14～20分：你是一个标准的跟随者，不适合领导别人。在紧急情况下，你多半不会主动出头带领群众，但你很愿意跟大家配合，喜欢被动地听人指挥。

7～13分：你是个介于领导者和跟随者之间的人。你可以随时带头，或指挥别人该怎么做。不过，因为你的个性不够积极，冲劲不足，所以常常扮演跟随者的角色。

6分以下：你是天生的领导者。你的个性很强，不愿接受别人的指挥，喜欢使唤别人，如果别人不愿听从，你就会变得很叛逆，不肯轻易服从别人。

不放过每一次主动争取的机会

生命很快就会过去，一个时机从来不会出现两次，我们必须当机立断才能抓住它，让它为我们所用。

——哈佛大学毕业的美国作家、哲学家　亨利·戴维·梭罗

为了借鉴哈佛大学的成功经验，许多学者对哈佛大学的教育理念进行了研究，他们最终发现，哈佛大学的每一位学生都具有这样的认识：期待明天出现奇迹，或是等待别人为你创造奇迹，是一种不切实际的想法，抱

有这种幼稚想法的人最终必将惨遭失败。世上没有救世主，一切只能靠自己。也就是说，任何成功都是主体努力争取的结果。在哈佛学子看来，懒惰和等待会让人们错失机遇，所以不要只顾等待机会，而应该努力拼搏，不放过每一次主动争取的机会。

要想取得一番成就，我们一定要懂得主动为自己争取机会。俗话说："机不可失，时不再来。"2007年获得哈佛大学荣誉法学博士学位的比尔·盖茨也说："在某些意义上，时机是一种巨大的财富，抓住机遇，就能成功。"抓住了机会，我们就有可能乘风而起，登上成功的巅峰；如果错失了机会，我们就会与唾手可得的成功失之交臂，并因此而懊悔不已。而机会往往稍纵即逝，所以我们必须全力争取，努力抓住它。

在《飘》开拍时，女主角的人选还没有最后确定。毕业于英国皇家戏剧学院的费雯·丽当即决定争取出演郝思嘉这一既诱人又有挑战性的角色。可是，此时的费雯·丽还没有什么名气，只怕难以争取到这么好的机会。

"怎样才能让导演知道我就是扮演郝思嘉的最佳人选呢？"这个问题一直困扰着她。经过一番深思熟虑，费雯·丽决定毛遂自荐。

这天晚上，制片人大卫刚拍完《飘》的外景，想到女主角人选还未确定又露出了一副愁容。突然，他看见一男一女走上楼梯，男的他认识，那女的是谁呢？只见她一手扶着男主角的扮演者，一手按住帽子，原来她把自己装扮成了郝思嘉。大卫正在纳闷，突然听见男主角大喊一声："喂！请看郝思嘉！"大卫一下子惊住了："天呀！真是踏破铁鞋无觅处，得来全不费工夫。这不就是活脱脱的郝思嘉吗？！"于是，费雯·丽被选中了。

在扮演郝思嘉这个角色之前，费雯·丽只是一个名不见经传的小演员，她之所以能够从此一举成名，就是因为她大胆地抓住了表现自我的良好机遇。

机遇不会从天而降，需要我们自己去争取。至于机遇什么时候降临，谁也没法预测。一个渴望成功的人，必须做好准备，这样无论机遇何时出现，他都不会与之擦肩而过。在等待时机之时，还应该注意审时度势，养精蓄锐，以便更顺利地抓住机遇。如果你背着双手，什么都不做，只知道守株待兔，那么即便机遇真的从天而降，它也会从你身边溜走。所以，我们要让自己时刻保持最佳状态，以便机会出现时能够紧紧地抓住它。

如果等不到机会，那就努力去创造机会。机会是一位性情怪僻的天使，她对每个人都是公平的，但也绝不会无缘无故地降临，只有经过反复的尝试，多方出击，努力争取，才能寻觅到她的身影。

充满朝气的青少年，现在正是你努力奋斗的时候，如果你错过了这样的好时机，那么你就比别人少了一次甚至无数次机会。从这一刻起，你们就有必要把自己的认识提升到哈佛学子的高度上，努力抓住每一次争取的机会。

◎ 哈佛练习题

想知道你是否有足够的进取心吗？你不妨做一做下面这道题目测试一下。假如你肚子很饿，回到家里看见桌子上摆了一桌菜，正准备开动，却从妈妈口中得知今天家里请客，而客人还没到。如果你先吃饭，显然是非常不礼貌的，可是你实在太饿了……这时，你该怎么办呢？

A. 无论有多饿，都坚持等下去　　B. 先找一些零食垫垫肚子

C. 婉转地告诉妈妈你饿了

D. 管他三七二十一，吃点好的填饱肚子要紧

答案解析：

选择 A：你既倔强又爱面子。如果你能把这股狠劲儿用到学习或工作上，那么你的前途一定不可限量！

选择 B：有很强的竞争心，容易冲动。

选择 C：即便不经过一番思考，你也敢于行动。只要你想做一件事，就没有谁能够阻挡你前进的脚步。

选择 D：你能言善辩，往往令人无法拒绝。而且你心思缜密，做事不会瞻前不顾后，所以你的人缘通常也比较好。

将兴趣进行到底

快乐的秘诀不在于做自己喜欢的事，而是要喜欢自己所做的事。

——哈佛大学神经生物学系教授　萨姆·杜韦内克

有些年轻人认为，那些做出惊人成绩的人大多数都有很高的天赋。比方说本杰明·富兰克林，他既是 18 世纪美国最伟大的科学家和发明家，又是著名的政治家、外交家、哲学家、文学家和航海家，还是美国独立战争的伟大领袖。虽然有些取得伟大成就的人的确天赋很高，但是这样的人毕竟只是少数，我们没必要拿自己跟这种千年难遇的奇才相比。真正值得我们学习的，是那些能够不懈地追随自己的兴趣的人。比如曾经被老师斥为"低能儿"并勒令退学的爱迪生，他一生从未停止过对自己的兴趣的追求，这才成就了他"光明之父""发明大王"的美誉。所以，我们年轻人不应该把自己不能成功的原因归于没有天赋，而应该问一问自己有没有带着兴趣去做一件事。

毕业于哈佛大学的人类行为学家米歇尔·巴顿说："一个人只有对某

一事物具有浓厚的兴趣，才能挖掘出自己最大的潜能，取得一番成就。"从这一点来说，兴趣可谓一个人最大的天赋。

兴趣是指一个人力求认识某种事物或爱好某种活动的心理倾向，它能够给人带来愉悦感，让人觉得做某件事情是快乐的，使人坚持不懈地干下去。因此，在从事自己所喜爱的事情时，人们总能感到一种莫名的兴奋感和满足感。只要对某一件事有了兴趣，人们就会变得勤奋起来，自觉地从事或追求它，并且投入其中。相关研究也表明，如果一个人对某一事物没有兴趣，那么他只能发挥出 20% ~ 30% 的才能，而且容易感到疲惫；而对某一事物感兴趣的人，则能发挥其全部才能的 80% ~ 98%，并能长时间保持高效率而不会感到疲劳。也就是说，一个人在兴味索然时，做一件事会觉得痛苦；而在兴趣浓厚时，做这件事则会感到一种喜悦。如果一个人能够根据自己的兴趣去树立人生的理想，那么他的积极性将会得到充分发挥，即使遇到诸多艰辛和磨难，他也不会灰心丧气，而是想尽一切办法去克服。

许多对人类做出巨大贡献的人，就是在强烈兴趣的指引下，不断地在自己的研究领域里辛勤耕耘，最终取得了辉煌的成绩。

门捷列夫出生在一个进步的小知识分子家庭，接受过很好的启蒙教育，对一切新事物都满怀探索的热情。

中学时，门捷列夫的化学老师经常热情地向学生们介绍化学界的新发现，门捷列夫的思想逐渐变得开阔起来。他觉得化学世界真是太奇妙了，渐渐地对化学产生了浓厚的兴趣，开始了在化学王国的探索之旅。23 岁那年，他就凭借出色的表现成为彼得堡大学化学教研室的副教授。

当时的化学界正处于探索元素的阶段。门捷列夫也满怀热情地探索着："各个元素之间究竟有什么关系呢？其中是否有规律？"在几个月的时间里，他用了不知道多少张演算纸，却始终一无所获，可他并没有灰心，他太想知道答案了，这种渴望促使他经常通宵达旦地工作。

有一天，他又熬了一个通宵。虽然阵阵困意袭来，他的眼皮都打起架来，但是思维依然在高速运转，他舍不得睡，就躺到办公室的沙发上，准备小睡一会儿再继续思考。随后，一件令人不可思议的事情发生了——他居然在睡梦中清楚地看到了一张表格，上面所展示的正是我们现在所熟知的元素周期表。

正因为门捷列夫对化学具有浓厚的兴趣，所以他才能够长期投入其中，即便是在无意识的睡眠状态下，他的思维也依然处于活跃状态，这才取得了他梦寐以求的成果。

既然兴趣如此重要，那么我们是否也应该充满兴趣地做事呢？也许有些青少年会认为，有趣的事大家当然都乐意去做，可是那些简单、平凡甚至枯燥的事怎么办呢？要在这些事情上发现乐趣实在太难了。哈佛大学的人生智慧理念告诉我们，兴趣是可以培养的，在枯燥的事情中发现乐趣，你将更容易获得成功和幸福。

不仅如此，青少年还应该像米歇尔·巴顿说的那样："兴趣只是迈向成功的第一步，我们要将兴趣进行到底。因为经过时间的磨炼，兴趣会逐渐变成我们的专长，而这种专长反过来又会让我们的兴趣更加浓厚，使我们在某一方面占据优势。如果能够形成这样一种良性循环，那么我们无论做什么事情都能做好。"只要你坚持下去，将兴趣升级为你的专长，那么你就会像那些天赋极高的人一样，取得别人无法超越的成就。

◎ 哈佛练习题

你是为了什么才学习的？是单纯地对学习感兴趣，还是另有目的？从下面几个选项中选择一项或两项，了解一下你学习的真实目的。

A. 证明自己的学习力

B. 知识本身的吸引力

C. 取得学习另一课程的资格

D. 得到学位证书

E. 有一份好工作

F. 父母或老师要求我这么做的

答案解析：

选择 A 或 B：认真学习之后，你感到心里很踏实，学习本身就是你想要的回报。

选择 C、D 或 E：虽然学习原因对你很重要，但是取得实质性的回报才是你学习的真正目的。

选择 F：表明你可能是一个厌恶学习的人，你之所以会学习，只是因为受到了来自各方面的压力。

不是战胜别人，而是超越自己

一个人追求的目标越高，他的才能就发展得越快，对社会就越有益。我确信这也是一个真理。

——苏联著名作家、诗人、评论家　玛克西姆·高尔基

在成长的过程中，很多青少年因为遭到外界的批评、否定，逐渐丧失了奋发向上的热情、信心和勇气，变得懦弱、狭隘、自卑、孤僻、不思进

取、害怕承担责任……事实上，他们不是输给了外界压力，而是输给了自己。要知道，人生最大的挑战就是战胜自己。很多时候，阻挡我们前进的不是别人，而是我们自己。因为怕跌倒，所以我们走得胆战心惊、亦步亦趋；因为怕受伤，所以我们把自己裹得严严实实。殊不知，我们在封闭自己的同时，也封闭了我们的整个人生。

哈佛大学的成功理论认为，人生是一个不断超越的过程，成功就源于拥有这种不断超越自我的自信。无论外界的压力有多大，只要你能够从各方面完善自己，逐渐成长壮大，就能挣脱各种限制，超越自己，开创辉煌。所以，在前进的道路上，我们除了要保持本色之外，还必须自觉地超越自己，不断提升自己的能力，做一个强者。要知道，在这个世界上，只有强者才能掌握自己的命运，也只有强者才能在芸芸众生中脱颖而出。

要超越自己并不难。每个人心里都沉睡着一个巨人，如果你能唤醒他，他就能帮助你超越自己，使你成为了不起的人物；如果他一直沉睡，那么你这一生可能都要在碌碌无为中度过。这个巨人到底是谁？他就是进取心。进取心又始于一份渴望。渴望是原动力，当你想要一样东西、想要做成一件事时，你心中便会生出一股推动你去获得、去进取、去追求的力量。而当你渴望实现这些梦想时，进取心便油然而生；当你坚信自己能够改善现状时，进取心就会茁壮成长。所以，我们要想超越自己，就要充满对成功的渴望，让自己时刻保持一颗进取心。有进取心的人会为了实现梦想而勇往直前，这也是百年哈佛对我们的人生忠告。在哈佛大学的诸多优秀毕业生之中，有许多人曾经默默无闻，正是不断超越自我的进取心让他们创造了辉煌。

当然，也许有人会问：必须要像历史巨人那样做出丰功伟绩才是成功，才算得上超越自己吗？并不是这样的，只要今天比昨天好，现在比过去好，就是一种超越。

林恩是一位家庭主妇。在婚后的 18 年里，她每天都忙于打理家务、照顾年幼的孩子。后来两个孩子都长大成人，林恩也变得越来越不愿意安心当全职太太，她渴望成为一名计算机检修工。

经过一番思考，她走出了家门。可是，计算机行业是一个富有挑战性的领域，主要从业人员都是男性，这引发了林恩的无限焦虑。不过，在家人和朋友的鼓励下，她慢慢地克服了焦虑，开始积累工作经验。在此过程中，她经历了许多挫折，但是她并没有灰心，而是一次又一次地挺了过来，因为她不甘认输，渴望取得一番成绩，也坚信自己能够做到这一点。

现在，林恩拥有了自己的事业，虽然她开的公司规模并不大，但是她已经超越自我，不再是当年的家庭主妇了。

一个人只有不断进步，不断完善自己，才能超越自己。每天超越自己，哪怕仅仅超越一点点，你最终也能到达成功的彼岸。

追求超越自我的人，不但能够取得成功，而且每一分每一秒都过得很踏实。他们会尽自己所能地做事、享受并付出。除了学习和工作以外，他们的人生还有其他意义。他们追寻生命的真谛，而且懂得享受生活。为了体验生活中的各种乐趣，他们不但剖析自我、超越自我，而且从大处着眼，展望生命的全貌，并把生活的各个层面融为一体。若非如此，即使身居高位、生活富足，人生也将毫无希望和乐趣。

青少年正值青春年华，未来充满了无限的可能，更应该时刻保持一颗进取心，勇敢地跳出自己的小圈子，努力超越自我，并且享受这一过程。只有这样，你才不会畏首畏尾，才能像哈佛学子那样创造辉煌。

◎ **哈佛练习题**

总想着战胜别人而不是超越自己的人，往往非常在意外界的议论，有一定程度的虚荣心。你是一个爱慕虚荣的人吗？通过下面的测试了解一下你自己。请以"是"或"否"作答。

1. 你是否经常停留在商店的橱窗前面，悄悄地欣赏自己的身影？

2. 你曾经做过整形手术吗？

3. 你曾经动过整形的念头吗？

4. 你定期花钱保养你的指甲吗？

5. 你是否喜欢欣赏自己的照片？

6. 度假回来时，你会向别人展示纪念品吗？

7. 你很注重衣着打扮吗？

8. 你是否每天梳头超过三次？

9. 你是否喜欢戴许多首饰？

10. 你是否偏爱名牌手提箱？

11. 你是否偏爱名牌衣服？

12. 跟一个浑身邋遢的朋友走在路上时，你会觉得尴尬吗？

13. 你是否希望自己拥有一些头衔？

14. 你花在打扮和保养上的费用超过预算了吗？

15. 你喜欢照很多照片吗？

答案解析：

评分标准：每题选择"是"记1分，选择"否"记0分。将各题得分相加，计算出总分。

测试结果：

10～15分：你是一个虚荣心很强的人。你非常在意自己的外表，在他人面前，你无时无刻不在注意自己的仪容，只希望给别人留下最好的印象。

4～9分：你有一点虚荣心，好在不算太严重。虽然你比较在意自己的外表和他人对你的印象，但是你仍然觉得人生还有比外表更重要的事。

0～3分：可以说，你一点儿虚荣心也没有。即使有些虚荣心的人会觉得你很邋遢，你也毫不在乎，反而认为在虚无的外表上花费时间和金钱是一种浪费，宁愿把注意力放在你认为重要的事情上。

立即行动，将梦想变成现实

虽然行动不一定能带来令人满意的结果，但是如果不采取行动，结果一定不会圆满。

——哈佛大学拉德克利夫高级研究学院博士　约翰尼·克拉克

虽然向往美好的生活是一种积极乐观的人生态度，但是仅仅怀抱这种美好的愿望是远远不够的，成功的关键在于积极的行动。哈佛大学的成功理念告诉我们，无论愿望有多么美好，如果不落实到行动上，也只能是空想，只有行动才能让一切梦想变成现实。

这世上不乏有理想、有抱负之人，其中有些人不光很有想法，说起话来也头头是道，但是他们总是不采取任何行动。还有一些人，他们虽然会采取行动，但是他们有拖延的坏习惯，在一日日的拖延中虚度光阴。实际上，拖延不仅会耽误事情，还会使我们的心理负担加重，在焦虑和紧张中惶惶度日。曾经有人做过这样的计算：如果人生以 70 年寿命来算的话，那么除去少不更事和老不方便的十年，也不过两万多天，再除去睡眠所占的 1/4 ～ 1/3 的时间，剩下的时间可谓寸阴寸金，如果不好好珍惜，"当日事当日毕"，那么我们的一生终将在浑浑噩噩中度过，最终将一事无成。

安妮是一个可爱的小姑娘，可是她有一个坏习惯，那就是无论遇到任何事情，她总是停留在口头上或计划上，而不是马上采取行动。

同村的詹姆森先生经营着一家水果店，店里出售本地产的草莓等水果。一天，詹姆森先生对安妮说："小安妮，你想挣钱吗？"

"当然想。"安妮回答。

"隔壁卡尔森太太家的牧场里有很多长势很好的黑草莓，允许所有人去摘。你去摘了以后把它们都卖给我，一夸脱我给你 13 美分。"

安妮听了詹姆森先生的话，高兴地跑回家里，拿上篮子，准备马上就去摘草莓，可是接下来她又不由自主地想到，先算一下摘 5 夸脱草莓可以挣多少钱比较好。于是，她拿出一支笔和一块小木板，计算出结果是 65 美分。接着，安妮又想："要是我采了 50、100、200 夸脱，詹姆森先生会给我多少钱呢？"就这样，她把时间都花费在了这些计算上，一直算到中午吃饭时才作罢，所以她决定下午再去采草莓。

吃过午饭，安妮才急急忙忙地拿起篮子，赶到了牧场。可是早在午饭以前，许多男孩子就已经到了那儿，他们都快把好的草莓摘光了。可怜的小安妮最终只采到了一夸脱草莓。

在回家的路上，安妮想起了老师常说的话："办事得尽早着手，干完后再去想，因为一个实干者胜过 100 个空想家。"

一个实干者胜过 100 个空想家，因为构想和计划虽然是获得有利结果的第一步，但是无论它们有多好，都无法代替行动。

俗话说："一分耕耘，一分收获。"没有耕耘就永远也不会有收获，无论构想和计划多么美好，如果不去落实，都只能成为空想。相反的，即便是再普通不过的计划，只要你确实执行了并能坚持下去，所取得的效果就会好过半途而废的好构想和好计划，因为前者会贯彻始终，直到达到既定的目的，而后者却前功尽弃。

哈佛大学的教授们总是反复向学生们强调，成功在于构想和计划，更在于行动，只有做到思想和行动二者合一，才有可能让构想和计划变成现实。因此，我们不能落入不断计划、构想、演练的圈套，等到一切都准备妥当或自己精神好了再说，而应该适可而止，立刻行动起来。

无论是动用你的思想，还是运用你的体力，你都必须抓紧把那些有意义的事罗列出来，然后马上付诸行动。只要你行动起来，就一定会有所收获。

◎ **哈佛练习题**

立即行动能力测试：最近有一个充满神秘感的舞会，在这场舞会上，你可以结交许多有魅力的朋友，你将会如何应对这场舞会呢？

A. 非常期待它的到来，还做了精心的准备，希望可以抓住这次机会

B. 在朋友和同事的怂恿下，你才鼓足勇气决定参加这场舞会

C. 因为不会跳舞，决定放弃这次机会，心想："这种舞会以后还多的是，而且想要认识优秀的朋友和异性也未必非要在社交舞会，不去不会有遗憾。"

D. 想参加这个舞会，但是对于准备工作漫不经心

答案解析：

选择 A：你属于积极行动派。你对未来充满了信心和好奇心，而且精力充沛、为人热情，对任何事情都能采取积极的行动，只是还需要养成持之以恒的好习惯。

选择 B：寻求鼓励派。你可能会因为自己的口才不够好、外貌不够出

众而有些不自信，遇事经常犹豫不决。懂得寻求外部的激励和肯定是提升自信的好方法。

选择 C：酸葡萄派。无论面对任何事情，你都能找到自我安慰的方法。这也许是一种优点，不过在面对适当的机会时，积极的态度和行动是不是比消极的自我安慰更有用呢？

选择 D：被动等待派。你是一个总是等待收获的人，只希望有人能把收获的果实亲自送到你手中。但是机会并不等于美好的结果，你需要努力耕耘才能抓住它并有所收获。

第九章　这些品质，帮助哈佛学子迈向顶尖之路

自律：懂得约束自己才能突破自己

> 自尊、自知、自律，只有这三者才能把生活引向最尊贵的王国。
> ——英国"桂冠诗人" 阿尔弗雷德·丁尼生

1986 年，在哈佛大学举行 350 周年校庆和毕业典礼前夕，校方邀请了当时的美国总统里根前来参加盛典并讲话。里根总统欣然同意，但同时也提出了一个要求，那就是希望哈佛大学能够授予他荣誉博士学位。总统大驾光临无疑会给学校增辉不少，但是哈佛大学一直以来都坚持以学术水平为授予荣誉学位称号的标准，考虑到让总统享受特殊待遇这一行为有损学校的学术声誉，所以校方断然拒绝了里根总统的要求，里根总统最终并没有参加此次盛典。

在浓烈的政治化和商业化气息的熏染之下，哈佛大学并没有屈服于权威，而是以高度的自律精神保住了自己的学术声誉，不禁令人叫好。从这种校风校纪熏陶下走出来的哈佛人，个个都深知自律的重大意义。

所谓自律，是指在没有人现场监督的情况下，能约束自己的一言一行，自觉地遵循一定的法度或原则。自律是一个优秀人才必备的品质，也是人区别于动物的重要标志，它并非旨在让一大堆规章或制度把人束缚得紧紧的，而是为了规范人们的言行，创造一种井然有序的环境，为人们的学习、生活争取更大的自由。一个人要想有所作为，必须懂得约束自己，无论遇到什么情况都能担负起自己应尽的责任，坚守自己的原则。

有一次，史密斯先生带着六岁的儿子比利去朋友马丁家做客。

这天吃早餐的时候，比利一不小心弄洒了一些牛奶。按照史密斯先生所定的规矩，打翻或洒了牛奶是要受罚的，那就是这一顿都不能再喝牛奶，只能吃面包。因此，虽然马丁再三热情地劝比利多喝一些牛奶，可比利就是不肯喝，只吃面包。马丁疑惑地看着他，他这才低下头说："我洒了牛奶，这顿饭就不能再喝牛奶了。"

马丁看了看正在吃早餐的史密斯先生，还以为比利是因为担心受到父亲的责备才不敢吃东西，于是找了一个借口，支开了史密斯先生，然后又拿出好多点心，让比利尽情享用。可是，比利还是不肯吃，并且一再说："虽然爸爸不知道，但是上帝知道，我不能因为一杯牛奶而撒谎。"

听了这个小男孩的这番话，马丁大为震惊，立刻把史密斯先生叫了回来，跟他说起了这件事。史密斯先生感到非常欣慰，进一步解释说："请你不要介意。他并不是因为害怕我才不喝牛奶也不喝别的东西的，而是因为他已经从心里认识到这是约束自己的纪律。"

自律不是为了做样子给别人看，而是为了对自己负责。加强自律有助于磨砺心志，对工作和生活都有积极的影响。

然而，有些人却意识不到自律的重要性。比如，在职场中，有些员工不但不能遵守企业的规章制度，反而认为它们都只是企业用来约束、管理员工的手段，因此往往对它们持排斥态度，即便他们表面上循规蹈矩，内心深处也有一百个不愿意，在没有监督的情况下，他们就容易违反规定。又比如，有些学生在课堂上做小动作，不知错也就算了，反而认为老师过于严厉……

为了杜绝这种情况的发生，给自己创造一个美好的未来，青少年应该学习哈佛大学的自律精神，并且立即行动起来，培养自律能力，突破自己。

要想提高自律能力，可以按照以下这五个步骤进行。一是开动脑筋思考。经常思考能够让大脑保持活跃，并能培养一种良好的思维习惯，这有利于你约束自己的言行。二是有效地控制自己的情绪，不要任由坏情绪主宰自己的行为。三是控制自己的行为，使自己的行为规律化，养成"做事有定时，置物有定位"的好习惯。四是强化你的学习或工作习惯。每天做一些必须做但又让自己不那么愉快的事，逐渐增强自律能力。五是挑战自我。选择一项超出你的正常水平的任务，全身心投入其中并完成它。只要坚持下去，你会发现自己能够做到的远远超出自己的预期。

◎ 哈佛练习题

在道义和利益面前，你能坚守原则，做一个善于自律的人吗？看一看下面这道测试题，然后根据你自己的情况从四个选项中选择一个最符合你的选项。

如果有人假公济私，要求你替他保守秘密，你会怎么做？

A. 坚决检举对方

B. 假装不知道，明哲保身

C. 与对方同流合污

D. 劝对方及时回头，改邪归正

答案解析：

选择 A：你是一个黑白分明、充满正义、坚持原则的人。这样的你往往很讲道理，凡事对事不对人，但是有时候会因过于讲究原则而忽视人情，正面得罪人的机会也相对增加，甚至会有很多敌人。想改变这一点，就要学会情理兼顾。即便是铁面无私的法官，也会兼顾道理和人情。如果这样做的话，你的敌人可能就会少很多。

选择 B：你的原则性不是很强。你深知趋吉避凶的道理，为人处世非常圆滑。你认为维持与他人的良好关系最重要，所以会下意识地保护自己，并能暂时将个人利益和正义放在一边。

选择 C：你的人际关系是建立在利益考虑上的，为了利益，你会打破原则，与他人发生争执，甚至不顾一切，所以容易树敌。

选择 D：你是一个情理兼顾、懂得人情世故却又不罔顾义理的人。你认为人不应该单纯地分为黑、白两道——不是好人就是坏人，觉得每一个人都有他的内在压力和考虑，就算是坏人，也是有感情的。所以，你不会以缺乏道德为由将这批人赶尽杀绝，反而会为对方着想，帮助对方解决问题。事实上，你的做法才是最成熟、最圆满的。也正因为如此，你的人际关系才是最好的，往往不会得罪人。

责任：有担当才能成就大事

在这个世界上，无论是最渺小的人，还是最伟大的人，都有一种责任。

——法国思想家、1915 年诺贝尔文学奖得主　罗曼·罗兰

在跟那些毕业于哈佛大学的人交流时，你会发现他们身上有一个共同的特点，那就是具有强烈的责任心。他们不但敢于承担责任，而且乐于承担责任。在他们看来，一个人的潜能是无限的，你承担的责任越多，你对自身潜能的挖掘也越深，你处理事情的能力也会越强。也正因为如此，无论遇到什么样的事情，他们都会尽职尽责地去做。

责任心并不主要体现一个人的学识、水平和能力，它更多地承载着人们的人格，体现了人们的价值观和思想境界。它一旦形成，就具有稳定性，能够使人自觉、主动、积极地尽自己的义务。当一个人尽到自己的责任时，

他会感到愉快和满足；否则，他会深感不安和内疚。可以说，有了责任心，个人的价值才能得到充分、合理的体现。也只有为自己的行为负责时，一个人才能找回做人的根本，尤其是在犯错误的时候。马克·吐温曾经说过："我们来到这个世界上，是为了一个聪明和高尚的目的，那就是好好地尽我们的责任。"

不仅如此，责任心还是人们成就大事的关键所在。一个人平凡不要紧，只要他掌握成功的关键——敢于担当，能够对自己乃至别人负责，就能够有所成就。在学习中，要认真完成学习任务；在工作上，要尽心尽责地完成上级交代的工作。一旦树立了这样的责任感，你就会发现，以前看起来困难的事情其实并不算什么。越是认真负责，你得到的就越多。那些事业有成的人，普遍具有强烈的责任感，而且做事态度认真。他们把责任当成了自己迈向成功的阶梯，坚信只要坚持走完这段阶梯，人生就一定能够迈上一个新台阶。

而那些不负责的人则相反，他们对自己的行为不加约束，做事既没有严谨负责的态度，也没有一个明确可行的规划，一辈子在庸庸碌碌中度过。

母亲交给儿子一张清单和一捆米袋子，让他去买米。

儿子到了集市，按照清单找到了大米、小米、高粱米等许多种米，然后分别将这些米装进了他带来的米袋子里。可是，在装最后一种米时，他才发现少了一个袋子，就少买了一种米。

回到家里，儿子埋怨母亲："你少拿了一个袋子，害得我还要大老远地再跑一趟！"

母亲说："你不是系鞋带了吗？你可以用鞋带将米少的袋子从中间扎紧，这样不就能用另外一边装另一种米了吗？再说了，我给你的钱多少有些富余，你完全可以用剩下的钱再买一个袋子呀！真是死脑筋。"

其实，这个故事隐藏着另一个人生哲理：只有善于动脑筋思考、把解决问题当成自己的责任的人，才能既利己又利人。在遇到问题时，我们不能一味地抱怨、指责、推卸责任，而应该多想想，因为方法总比困难多。

美国前总统肯尼迪曾经在其就职演说中强调过责任的重要性："不要问美国给了你们什么，而应该问你们为美国做了什么。"这句对国家负责的话被无数哈佛学子奉为经典，也值得我们青少年铭记在心。

◎ 哈佛练习题

以"是"或"否"回答下面这项关于责任心的测试题，看看你是不是一个有责任心的人。

1. 你觉得自己可靠吗？

2. 你经常帮妈妈做家务吗？

3. 到著名景点旅游时，你会妥善地处理手中的垃圾吗？

4. 你会尽量准时赴约吗？

5. 你会经常运动以保持健康吗？

6. 发现朋友犯法时，你会劝他去自首或通知警察吗？

7. 答应别人的事，就一定要尽力做好，这一点你做到了吗？

8. 你会尽量减少做作业拖拉的时间和次数吗？

9. "既然决定做一件事，就要把它做好。"你同意这种观点吗？

10. 你认真地对待你的选举权了吗？

11. 你总是先完成学习任务再进行娱乐休闲活动吗？

12. 你会为人生大事提前做准备吗？

13. 你会经常为自己和他人的健康提出一些必要的建议吗？

14. 收到别人的信时，你总会在一两天内就回信吗？

15. 你曾经做过违法的事情却不敢公之于众吗？

答案解析：

评分标准：回答"是"记 1 分，"否"记 0 分。计算出总分。

测试结果：

10 ～ 15 分：你是一个非常有责任感的人。你行事谨慎、懂礼貌、为人可靠，并且相当诚实，值得别人信赖。

3 ～ 9 分：大多数情况下，你很有责任感，只是偶尔有些率性而为，考虑得不够周全。

2 分以下：你是个完全不负责任的人。你一次又一次地逃避责任，当你连自己都不相信时，你将会万分苦恼。

诚信：和谐人际交往的原则

诚实是智慧之书的第一章。

——哈佛大学毕业的美国著名建筑师、建筑理论家　菲利普·约翰逊

2005 年 3 月 8 日，哈佛大学取消了 119 名申请者的入学资格，理由是在学校发放录取通知书之前，这些申请者利用一个在线申请软件的安全漏洞入侵学校的网站，偷看了录取结果。哈佛大学商学院院长基姆·克拉克对此发表声明说："这种行为是不道德的，严重违背了诚信，没有辩解的余地。任何申请者，一经发现有此行为，都将不予录取。"

这件事体现了哈佛大学的教育宗旨：合格的学生必须具备诚信这一前提条件。哈佛学者希尔·菲利普斯说："培养一个诚实的人，远比纵容一

个虚伪的高学历人才要严肃、重要得多。"在考试和学术研究中的不诚实言行历来饱受哈佛人的鄙薄。在教育实践中，哈佛大学的教授们一向注重培养学生的诚信，他们经常告诫学生："不是人人都能成为伟人，但是人人都能做一个诚实守信的人，一个人只有诚实守信，才能拥有朋友和欢乐。"

诚实守信是衡量一个人的品质是否高尚的尺子，这把尺子适用于所有人。不仅如此，诚实守信还是一种内在的力量，它能直接发挥作用，对人们产生积极的影响。一个诚实守信的人，无论遇到什么样的压力、危难或诱惑，他都能挺过来，使自己的人生变得更加灿烂，同时为他人所信赖。

1835 年，摩根先生成为"伊特纳火灾保险公司"的一名股东，因为这家公司不要求股东马上注入资金，只需要在股东名册上签下名字就可以，而这正好符合摩根先生没有现金却能获益的设想。

可惜天有不测风云，就在这年冬天，纽约发生了一场特大火灾，殃及了一些在伊特纳火灾保险公司投保的客户。按照规定，如果完全付清赔偿金，那么这家保险公司就会破产。因此，股东们个个惊慌失措，纷纷要求退股。

摩根先生斟酌再三，认为信誉比金钱更重要，于是四处筹款，并卖掉了自己的房子，低价收购了所有要求退股的股东的股份，然后将赔偿金如数付给了投保的客户。

这时的摩根先生，虽然成了这家保险公司的所有者，但他已经身无分文，保险公司也濒临破产。无奈之下，他只好打出了一个看似把客户拒之门外的广告：凡是再到伊特纳火灾保险公司投保的客户，一律加倍收取保险金。

不料客户很快蜂拥而至，把伊特纳火灾保险公司的大门挤得水泄不通。原来，伊特纳火灾保险公司因如数支付赔偿金这件事，在人们心目中成了讲诚信的保险公司的代表，这一点使它比许多有名的大保险公司更受客户的信赖和欢迎。伊特纳火灾保险公司从此崛起。

许多年之后，摩根的公司成为华尔街的主宰。当年那位摩根先生正是美国金融巨头摩根财团的创始人约翰·皮尔庞特·摩根的爷爷约瑟夫·摩根。

一场突发的火灾曾经使约瑟夫·摩根先生濒临破产，同样也是这场火灾成就了一个大财团的崛起。约瑟夫·摩根先生能够取得这样的成就，无疑得益于他重信誉、讲诚信。

本杰明·富兰克林曾经说过这样一句话："平凡人最大的缺点就是常常觉得自己比别人高明，因此他们总是抱着投机取巧的心态，大家尔虞我诈，到最后聪明反被聪明误。"尔虞我诈的确是一件吃力不讨好的事，因为一个人一旦撒了一次谎，就需要有很好的记忆去全力记住它，以免露馅，就像马丁·路德说的那样："谎言就像雪团，会越滚越大。"而只要是谎言，就总会有被揭穿的那一天。此外，经常说谎不但会错上加错，还需要承受极大的道德和精神压力。

无论什么时候、什么场合，我们都应该坚守诚信这一基本的道德修养。只有这样，我们才能拥有和谐的人际关系，我们的生活里才会充满阳光，人生也将变得灿烂辉煌。

◎ 哈佛练习题

在人际交往中，你能够做到诚实、讲信用吗？还是善于伪装，甚至会为了掩饰自己的过错而不惜说谎？下面这项测试可以帮助你了解这一点。

试着想象以下画面：一打开画廊的大门，就看到正面挂了一幅著名人物的画像。那是一幅立体画，从不同的角度看过去，画会显现出不同的样子。试着从侧面看这幅画，你觉得它应该是什么样子？

A. 摇滚歌手　　　　B. 长发美少年　　　　C. 白发老人

答案解析：

选择 A：你具有幽默感，容易给身边的人带来快乐，但是你又工于心计，经常蓄意戏弄或欺骗别人，让人防不胜防。请小心，以免聪明反被聪明误，最终失去别人的信任。

选择 B：在性格上，你可能倾向于歇斯底里，而且具有高度的表现欲，所以经常会说一些粉饰自己的谎话，希望借此来吹嘘自己，以便成为众人瞩目的对象。

选择 C：你心中常有不安全感，总觉得会发生对自己不好的事，还容易说出一些理由来掩饰自己的过错，往往才开始做一件事，就已经想到万一失败的借口，所以往往难以赢得别人的认可和信任。

尊重：高贵的品质让你更受欢迎

你去追求别人对你的尊重，别人会躲着你；你给别人以尊重，别人也会尊重你。

——哈佛大学地质学系 2011 级人类学
与地理专业学生　赛琳娜·汉密尔顿

在一堂主题为"平等"的政治课上，哈佛大学肯尼迪政治学院教授伦诺克斯·亚当斯说："一个生命无论多么渺小，都是一条完整的生命，都有活在这个世界上的权利，都应该得到应有的理解和关爱。对一个生命的尊重，也是生命中固有的一部分。"

在这个千姿百态的世界上，虽然人与人之间有着诸多差异，比如家庭背景、生活方式、个性、价值观等，使得人与人的相处也存在着或多或少的困难，但是每个人都是社会的一分子，本质上并没有高低贵贱、智愚美丑之分，大家都是平等的。所以，我们应该求同存异、相互接纳、彼此尊重。尊重他人是一种高尚的美德，体现了一个人的内在修养，能够促进人们顺利地开展工作，还可以帮助人们建立良好的人际关系。

为了让学生们深刻地领会尊重他人的重要意义，亚当斯教授给同学们讲了他的一位中国籍朋友刘波的一段经历。

一天晚上，刘波和一位同事去火车站送人。把人送走之后，刘波和同事就离开了火车站，向停车场走去。

他们刚走不远，一个蓬头垢面的乞丐就迎了上来，拦住了他们的去路。同事以为这个乞丐是来讨钱的，就掏出一张十元的人民币递给了他。乞丐并没有伸手接钱，而是瞪了瞪那位同事一眼，然后把目光移向刘波，小心翼翼地说："这位先生，看得出您是一个有学问的人，您能不能给我讲一讲关老爷是怎么死的？"

那位同事听了，觉得这个人分明就是在浪费他们的时间，就想把他推开，却被刘波阻止了。随后，刘波把乞丐拉到停车场一角的一张椅子上，他自己也坐了下来，然后从吕蒙白衣渡江讲到关羽败走麦城直至遇害，前后说了十来分钟。刘波讲得绘声绘色，那个乞丐听得津津有味。最后与乞丐道别时，乞丐眼里闪动着晶莹的泪珠，对刘波说："谢谢您！我问过好多人，只有您愿意给我讲！"

在回公司的路上，那位同事问刘波："他是疯子吧？"刘波沉默了一会儿，然后回答："也许是吧。不过，他毕竟也是人，只要是人，都值得尊重。"

讲完了朋友这段经历之后，亚当斯教授说："无论是腰缠万贯的富翁还是衣衫褴褛的乞丐，都是社会的一分子，他们的人格是平等的，能够意识到这一点，既是对别人的尊重，也是对自己的尊重。"

作为社会的一员，每个人内心深处都渴望得到他人的认可和尊重，但是只有尊重他人，才能赢得他人的尊重。因为人人都有自尊心，你只有满足了对方被尊重的心理需求，对方才会尊重你。从这个意义上说，尊重别人正是在尊重自己。因此，无论一个人的身份和工作多么卑微，我们都不能戴着有色眼镜去看他们，而应该像尊重自己一样尊重他们。一旦养成了尊重别人的好习惯，就能在你和别人之间搭起一架桥梁，进而使双方的心灵能够互通，最终使你更加受人欢迎。

◎哈佛练习题

懂得尊重别人的人，即便非常了不起，也非常谦恭，你是这样的人吗？请以"是"或"否"来回答下列问题，测试一下你是谦谦君子还是自负之人。

1. 你懂得衣服搭配吗？

2. 危急时，你很冷静吗？

3. 你是否与别人合作无间？

4. 你认为自己是个成功的人吗？

5. 你个性很强吗？

6. 你记性很好吗？

7. 你对异性有吸引力吗？

8. 你是一个受欢迎的人吗？

9. 你有幽默感吗？

10. 一旦下定决心，即使没有人支持你，你仍然会坚持到底吗？

11. 如果工作人员的服务态度不好，你会向他们的领导反映吗？

12. 你对自己的外表满意吗？

13. 你是否认为自己的能力比别人强？

14. 你是否认为自己很有魅力？

15. 你目前的工作是你的专长吗？

16. 参加晚宴时，即使很想上洗手间，你也会忍着直到宴会结束吗？

17. 如果想买性感内衣，你会尽量邮购，而不是亲自到店里去，是吗？

18. 你是否经常欣赏自己的照片？

19. 别人批评你时，你会觉得难过吗？

20. 你是否很少对人说出你真正的意见？

21. 对别人的赞美，你是否持怀疑的态度？

22. 你总是觉得自己比别人差吗？

23. 聚会上，只有你一个人穿得不正式，你会因此而感到不自然吗？

24. 你是否认为自己只是一个平凡的人？

25. 你是否经常希望自己长得像某某人？

26. 你是否经常羡慕别人的成就？

27. 为了不使别人难过，你是否放弃了自己喜欢做的事？

28. 你会为了讨好别人而打扮吗？

29. 你是否会勉强做许多你不愿意做的事？

30. 你任由他人来支配你的生活吗？

31. 你认为你的优点比缺点多吗？

32. 你经常跟人说抱歉，即使不是你的错，你也会这样吗？

33. 买衣服前，你是否通常先听取别人的意见？

34. 你希望自己具备更多的才能和天赋吗？

35. 你经常听取别人的意见吗？

36. 在聚会上，你经常等别人先跟你打招呼吗？

37. 即便不是故意害别人伤心的，你也会难过，是吗？

答案解析：

评分标准：第 1 ～ 15 题，回答"是"记 1 分，"否"记 0 分；第 16 ～ 37 题，回答"是"记 0 分，"否"记 1 分。

测试结果：

10 分以下：你不但不是一个自负的人，而且有可能对自己没有信心，有些自卑。

11 ～ 25 分：你明白自己的优点和缺点，对自己信心十足，而且为人谦恭，懂得尊重别人。

26~37 分：别人可能会认为你很自负。你应该尽量谦虚一点，学会尊重他人，这样才会有好人缘。

热忱：哈佛学子成功的首要秘诀

人类历史上每一个伟大而不同凡响的时刻，都可以说是热忱造就的奇迹。

——哈佛大学毕业的美国思想家、文学家　拉尔夫·沃尔多·爱默生

几年前，在哈佛大学任教的罗宾斯博士去巴黎参加研讨会。开会的地点不在他下榻的饭店，他仔细地看了地图，发觉自己仍然不知道应该如何前往会场，就走到大厅里的服务台跟前，请教当班的服务人员。

这位服务员是一位五六十岁的老先生，他身穿燕尾服、头戴高高的帽子，脸上挂着法国人少见的灿烂笑容。在得知罗宾斯博士的烦恼之后，他优雅地摊开地图，仔细地写下路径指示，然后引领罗宾斯博士走到门口，

对着马路仔细讲解了前往会场的方向。

他的服务态度彻底改变了罗宾斯博士原来觉得"法式服务"冷漠的看法，他的热情和笑容更是让罗宾斯博士如沐春风。罗宾斯不由得对他心生好感，并向他表达了诚挚的谢意。

老先生微笑着回答："不客气，希望你能顺利地找到会场。到了那家饭店，我相信你一定会满意那儿的服务，因为那儿的服务员是我的徒弟！"

"太棒了！"罗宾斯博士笑了起来，"没想到你还有徒弟！"

老先生脸上的笑容更灿烂了，然后不无自豪地说："是啊，25年了！我在这个岗位上已经工作了25年，培养出很多徒弟，而且我敢保证，我的徒弟每一个都是最优秀的服务员。"

罗宾斯博士看着他，心里生出一种莫可名状之感："什么？都25年了，你一直站在旅馆的大厅里啊？"接着不由得停下脚步，向他请教他何以能够乐此不疲地做这份工作。

老先生回答："我总认为，能在别人的生命中发挥正面的影响力是一件很过瘾的事。你想想看，每年有多少外地游客来巴黎观光，如果我的服务能够帮助他们减少'人生地不熟'的胆怯，使他们觉得到了这儿就像在家里一样，愉快地度过假期，这不是一件非常令人开心的事吗？"

他顿了顿，然后爽朗地说："我的工作是如此重要，许多外国观光客就因为我对巴黎有了好感。所以我私下里认为，自己真正的职业其实是'巴黎市地下公关部长'！"说到这里，他幽默地眨了眨眼。

罗宾斯博士被老先生的这番话深深地震撼了。从老人那朴实的言语中，他感受到一种不同寻常的力量。

回国之后，在给肯尼迪政治学院的学生讲解"个人品质"这个问题时，罗宾斯博士向他们讲述了自己的这段经历。

接着，他对学生说："如果那位老先生没有对生活、对工作的热忱，那么他也不会成为一个令游客感到轻松和愉快的人。热忱的力量是无比强大的，它能够促使和激励一个人态度积极地去做一件事。只有饱含热忱的人才能激发出自己的活力，使自己不懈地奋进，成为行业的领军人物。"

在英文中，"热忱"一词是由"内"和"神"这两个希腊字根组成的，一个人一旦有了热忱，就相当于有神进驻了他的内心，这自然会使他更容易成功。成功学大师卡耐基也曾经说过："一个年轻人最让人无法抵御的魅力，就在于他满腔的热忱。在充满热忱的年轻人眼中，未来只有光明，没有黑暗，他相信人类历史过程中所有的劳作都是为了等待他成为真善美的使者。"历史上的许多巨变和奇迹，不论是社会、经济、哲学还是艺术的研究和发展，也都是参与者百分之百的热忱成就的。所以说，热忱的确具有一种强大的力量。

在这堂课的最后阶段，罗宾斯博士告诉所有学生："一个充满热忱的人，无论目前的境况如何，都会认为自己所做的事是神圣的，并会一丝不苟地完成它。大家要想登上人生的高峰，必须拥有伟大的开拓者的热忱，因为这是成功的首要秘诀。"

在工作和生活中，我们每个人都应该把热忱化作前进的动力。当你把热忱融入学习、工作或生活中时，你就有了跨越障碍的动力和勇气，能够把自己的心智发挥到极致，最终赢得成功。哪怕现在的你一无所有，但是只要你一直保持热忱，也能创造奇迹。

◎ **哈佛练习题**

在我们身边，总有一些人经常把"算了""真没劲""就这样吧"这种话挂在嘴边，他们对任何事情都提不起精神，更不用说热忱地投入其中了。你是一个对生活充满热忱的人，还是一个心灵空虚的人？做完下面这项测试题你就知道了。请以"是"或"否"作答。

1. 你不看重别人，看重自己？

2. 你常常想改变自己的生活方式？

3. 你是否没什么特殊的爱好？

4. 你觉得工作或学习是痛苦的吗？

5. 你的生活过得还好，可你就是不快乐吗？

6. 你是否对一切都不抱乐观的态度？

7. 你是否经常与他人发生口角？

8. 你是否认为自己各方面都有很多不如意的地方？

9. 你是否不喜欢和别人交往？

10. 你是否吃饭时不觉得高兴？

11. 你常常因为零钱少而感到不满吗？

12. 你常常一有钱就去买自己想要的东西吗？

13. 你是否不大喜欢单位（学校）的领导（老师）和同事（同学）？

14. 你经常埋怨单位（学校）离家太远吗？

15. 你认为无论干什么都不值得高兴吗？

答案解析：

评分标准：回答"是"记0分，"否"记1分。计算出总分。

测试结果：

5分以下：你非常乐观，对生活充满了热忱，做什么事都觉得有意思，所以也更容易成功。

6～9分：你比较乐观，觉得生活还不错，但是如果你答题时不够诚实，则说明你对现状并不是非常满意。

10分以上：你的心灵比较空虚。你对生活和工作多有不满，难以感觉到生活的乐趣。不过，如果你态度诚恳，就表明你有改变现状的愿望，这时你应该认真分析你不满的原因，并且积极地想办法去解决，比如多读几本好书、及时调整人生目标、向朋友求援、立即行动等。

专注：成功者的特质

专心地投入一件事情之中，是治疗恐惧的良药。

——哈佛大学音乐专业学生　巴里·布洛林

在政治、经济、文化、法学、医学、管理、生产等许多领域的高层会议上，都能看到哈佛大学毕业生的身影。为什么哈佛大学的学生能如此优秀呢？难道他们都有非比寻常的智慧吗？事实并非如此，主要是因为从哈佛大学毕业的学生，个个都知道专注是成功者的特质，并能专心致志地做一件事，直到成为该领域的专家为止。

哈佛大学的教授们经常教导学生："集中精力专注于自己正在做的事情，做起事来不但轻松、有效率，而且能够把事情做得更好，因为专注会把一个人全身的热忱积聚起来，使人的思维和行动都变得快速而又积极。只要你们在做事时能够一心投入其中，并能长期坚持下去，就很有可能成就一番伟业。"

我们也知道，酷暑的阳光不足以使火柴自燃，可是如果用凸透镜聚光于一点，那么即使是冬日的阳光，也能使火柴和纸张燃烧，这就是"专注"的巨大威力。当一个人把他所有的精力凝缩成一点时，他会成为一把所向披靡的利刃，战无不胜。

专注体现了一个人的自控能力。能够抵抗外界的干扰，将精力集中于某一件事情上，是成就任何事业都需要的一种高情商。可是，我们身边有一些人总是难以将精力集中于一件事情上。这看上去就像失眠和做噩梦一样平常，可实际上表明这些人的情商有待提高。用心不专是高情商者的大忌，一事无成就是人们用心不专的恶果。那些低情商的人，无论遇到什么事，都不能竭尽心力、认认真真地把它做好，而是像那些不善于凿井的人一样：花了大量的时间和精力凿开了许多浅井，却不会花同样的时间和精力去凿一口深井。所以，他们最终也难以品尝到"甘甜的井水"。

一位教区主教一直很想升格为更高级的主教，比如首席主教、总主教等，哪怕是都主教也行，却一直未能如愿。

这一天，这位教区主教正在花园里虔诚地祷告，一个女佣心慌意乱地从屋子里跑了出来，焦急地寻找她的孩子。由于心急情切，她并没有注意到跪在那里祈祷的教区主教，结果踩到了教区主教的脚，可是她连一句道歉的话也没说，爬起来就跑开了。

教区主教被她踩了一下，心里愤怒不已。等他祷告完时，那个女佣已经找到自己的孩子，正高高兴兴地向他走来呢。看到教区主教满面怒容地站在那儿，女佣吃了一惊，大为惶恐。教区主教并没有在意女佣的反应，只顾生气地说："你可不可以解释一下你刚才的行为？"

女佣镇定地回答："对不起，主教，我刚才一心惦念着孩子的安危，所以没有注意到您。可是，您当时不是正在专心地祷告吗？更何况你的祷告可比我的孩子珍贵千万倍，您怎么还会注意到我呢？"

教区主教不禁羞红了脸，低头不语，好像明白了自己为什么一直不能升格。

在工作和生活中，如果我们仔细观察，就会发现许多平庸之人就像这位教区主教一样，具有做事难以专心致志的突出缺点。

哈佛大学法学专业研究生简·米切尔说："如果我们不能专注于自己应该做的事情，总是朝三暮四，就是在白白浪费时间，一生必将碌碌无为。一个聪明的人，不会总是立志，而是专心致志地做一件事，并且尽力把它做好。"

不甘平庸的青少年在做事时应该集中精力，尽力把它做到最好。也许有些人会认为学习很辛苦，或是觉得绘画、唱歌、弹钢琴等训练单调乏味，但是只要你专心去学、去练，就能有所收获。虽然你以后未必能够成为著名的画家、音乐家或舞蹈家，但是当你专注于其中时，就能逐渐培养出一种高雅的气质，还能陶冶自己的情操、丰富自己的生活阅历，为人生增光添彩。

◎ **哈佛练习题**

专心程度和成功往往是成正比的。你在做事时会埋头专注于其中吗？现在就以一个简单的问题来测试一下你的情况吧。

许久没有背上钓竿了，假如今天碰巧有朋友跟你一起去钓鱼，你会选择去哪儿？

A. 海边　　B. 山谷里的小溪边　　C. 坐船出海　　D. 人工鱼塘

答案解析：

选择 A：你注重结果和回报，但做事时难以全身心地投入其中。

选择 B：你目光长远，而且懂得享受生活，但是行事比较保守，缺乏冲劲，做事时不能专心地投入其中。

选择 C：你具有一股拼命精神，做事非常容易投入其中，甚至有些过火。

选择 D：你非常自信、冷静，做事情不会埋头苦干，而是注重方法，只打有把握之仗，而且善于推销自己，但是有点儿锋芒毕露，切记不要抢他人的功劳，以免给自己带来麻烦。

细节：一个不注意小事的人，永远不会成就大事业

"魔鬼"藏于细节之中。一个个细节组合起来的能量，足以摧毁一切。
——哈佛大学商学院教授、现代营销学
的奠基人之一 西奥多·莱维特

奥里森·马登不但是美国成功学的奠基人，还是哈佛大学医学博士。在谈及成功时，他曾经这样说过："小事也能成就大事，细节决定成败。很多时候，我们的成功不是取决于我们有多么高的智商，而是我们有没有做好一件件小事。"

不过，社会上很多人存在这样的认知误区：成大事者不必拘于小节。殊不知，一旦"人"字当头，难免会使人眼高手低。而且，有时候一些看似平常的细节，如一些小错，以及人们的举手投足、待人接物、言语交谈等，往往都会给别人留下深刻的印象。如果不注意这些细节，就会因小失大，最终与成功失之交臂。

斯蒂文·汉克斯是哈佛大学的一名人类学教授，他对学生的要求非常严格。

上个学期，他给学生们布置了一道只有10分的作业题。杰克因为一个单词书写错误，被扣了2分，这让他感到既困惑又沮丧，因此在那节课刚刚结束时，他就冲到了汉克斯教授面前，想问一问教授为什么如此

严厉。可是，汉克斯教授却说："我的课已经结束，有问题请与我的助手预约，明天上午我会在办公室里一对一地回答你的问题。"

第二天，当杰克推门走进汉克斯教授的办公室时，汉克斯教授说："你迟到了一分钟。"杰克如实回答："对不起，我对这里不太熟悉，刚才走错了路。"汉克斯教授说："这跟我有什么关系吗？我只会在意你迟到了。好了，现在说一说你今天来这儿的目的吧。"杰克拿出考卷，平放在汉克斯教授面前的书桌上，说："对不起，我把 Hartman 写成了 Hartmen，可是我只不过是把 a 错写成了 e，而您因为这一个小错误就扣了我 2 分，要知道这道题总分才 10 分……"

汉克斯教授没有立刻回答杰克的话，而是一笔一画地写下了"Hartman"这个单词，然后拿笔指着它对杰克说："这是一个人的名字，写错了就是张冠李戴，你认为这样的问题还不够严重？"

杰克不由得低下头，说："我保证今后一定不会再犯同样的错误，对不起。"

多年过后，杰克忘记了许多事，却清晰地记得这件事，因为正是这件事使他在走向成功的道路上少犯了许多错误。

虽然错一个字母看起来并不算什么，但是汉克斯教授深知细节的重要性，并用这件小事让杰克认识到注重细节的重大意义。我们青少年应该从中得到一些启发。

西班牙著名作家巴尔塔沙·葛拉西安也曾经强调过注重细节的重要性："完成一幅完美的画卷很难，需要每一个细节都是完美的；只要一个细节没有画好，整幅画卷就会功亏一篑。"为人处世也是如此。人生就像一幅画卷一样，也是由很多细节组成的，有时候，一个细节就会改变你的命运。正所谓"千里之堤，溃于蚁穴"。粗心大意者常常会因为忽略细节而功败垂成。

生活中，青少年应该养成注重细节的好习惯，做好每一件简单的事，日积月累，培养出成就大事业的能力，最终叩开成功的大门。

◎哈佛练习题

注重细节的人，往往也善于思考。也正因为善于思考，所以他们才能够从事物细微的变化之中发现一般人不容易发现的细节。你是一个善于思考的人吗？请做下面的测试题，测试一下你自己。

一个被警察追踪多年的盗墓者突然来警察局自首了，他声称自己偷来的100块法老壁画被他的25个手下偷走了，至于这些人各自偷了多少块壁画，他也记不清了，但他可以确定他们偷走的壁画数都是单数，最少的有一块，最多的达九块。他向警方提供了这25个人的名字，条件是警方不能判他的刑。警方答应了。但是，当天下午，警长在经过一番思考之后，又立刻下令将他抓捕了。请你猜猜这是为什么。

答案解析：

假如100这个数可以分成25个单数的话，就意味着这25个单数之和是双数，可事实上这是不可能的，因为这25个单数可以分为12对单数（它们的和是双数）零一个单数，而双数和单数之和无疑是单数，绝对不会是100这个双数，由此可以推断出前来自首的盗墓者撒了谎。经审讯证实，自首的盗墓者之所以会出这一招，是想嫁祸给他的手下，独吞赃物。

第十章　坚持住，苦难总是伴随着价值

苦难是信念的试金石

即使断了一根弦，其余的 3 根弦也要继续演奏，这就是人生。

　　　　——哈佛大学毕业的美国思想家、文学家　拉尔夫·沃尔多·爱默生

　　哈佛大学的人生智慧告诉人们，世界上的任何事物都有自己的独特价值，苦难也一样，它并非有意扰乱我们的生活，而是在挑我们身上的不足，帮助我们走上成功之路。因为上帝并不喜欢好逸恶劳的人，只有那些信念坚定、百炼成钢的人才会受到他的青睐。既然苦难是信念的试金石，那么无论什么样的苦难，都可以超越。

　　人生路漫漫，不测时时刻刻都存在：学业的失败、疾病的折磨、自卑的侵蚀、丧失亲人的悲痛……面对这些苦难，许多人不再对人生怀抱希望，对自己的理想能否实现也产生了怀疑，以至于半途而废。可是，有些人却能继续坚持下去，顽强拼搏，因为他们明白，人生就像四季一样，有鲜花也有荆棘，有幸福也有痛苦，因此，他们不但会享受春天的温润，也敢于接纳夏天的酷热、秋天的清冷和冬天的寒冽。他们相信，只要心中怀有崇高的信念，并且让它在心里扎根，他们就能努力坚持下去，最终渡过难关，超越苦难。

　　有一个人一生经历过无数次苦难：四岁时得了麻疹，七岁那年差点儿死于猩红热，13 岁时必须靠大量放血来治疗肺炎，40 岁时牙齿几乎全都因为牙床溃烂而被拔去，没过多久又感染了可怕的传染性眼病……不

幸的事接二连三地发生，好像苦难从未停止过对他的折磨似的。50岁时，他又患了关节炎、肠炎和结核病，这些疾病一点点地吞噬着他的生命，使他整天都被疼痛折磨得死去活来。57岁那年的一天，他忽然口吐鲜血，没过多久，他苦难的一生就结束了。然后，上帝还是不肯轻易放过他。在他死后，他的遗体经历了八次搬迁，最后总算入土为安。

可是，在他活着的时候，无论面对什么样的苦难，他都坚信自己一定可以克服和超越它们，因此他一刻也没有放弃他的爱好——练琴。从三岁开始，他就经常躲在房里练琴，一练就是12个小时。12岁时，他举办了首场个人音乐会，并因此一举成名。有"钢琴之王"美誉的李斯特在听过他的琴音之后，惊呼："天哪！在这四根琴弦里，不知道包含了多少苦难和伤痛啊！"

他就是被人们誉为"小提琴之神"的意大利小提琴演奏家帕格尼尼！

那些所谓的"天才"人物，几乎都曾经像帕格尼尼那样遭受过诸多苦难。对他们这样的人来说，苦难更多的是对心性的锻造。虽然苦难很折磨人，但它同时也可以磨炼人的意志，使人能够经得起风吹雨打，就像经得住风雨摧残的生物会长得更加强壮一样。

哈佛学者潘义安曾经说过："任何苦难都是可以超越的。"在遭受苦难时，只要你坚信一切苦难就像暴风雨一样，最终都会过去，你就一定可以渡过难关，让生命闪现出人性的光辉和美丽。

◎ 哈佛练习题

从下列各题中选择一个符合你的答案，测一测你的逆商（面对挫折、摆脱困境和战胜困难的能力），看看你能否正确地认识和战胜苦难。

1. 如果你是刚毕业的大学生，那么你想到什么样的公司就业？

A．文化公司　　　　B．商贸公司　　　　C．政府机关

2．假如你刚就职，公司就倒闭了，这时你该怎么办？

　　A．重新换一家公司　　　　B．自己创业

　　C．慢慢找，直到找到自己中意的工作

3．如果你工作顺利了，这时又想找个恋人，那么你会通过什么方式？

　　A．征婚登记　　　　　　　B．参加舞会　　　　　　C．请朋友介绍

4．和恋人结婚了，如果选择家庭居室，你会选择哪一种方式？

　　A．选择负担轻的租赁公寓

　　B．用三五年的银行贷款购买一居室或公寓

　　C．和父母住在一起

5．假如你已经70岁，配偶已经先你而去，孩子又独立了，只剩下你一个人，那么你想做什么？

　　A．恋爱，觉得无论多大岁数，恋爱都是快乐的

　　B．工作，在充实中安度晚年

　　C．享受生活，每天都做自己喜欢做的事

答案解析：

评分标准：每道题选择A记1分，B记2分，C记0分，计算出总分。

测试结果：

0～2分：安全第一是你的宗旨，你不敢冒险，也不容易战胜苦难。要想克服这一点，请不要顾虑那么多。

3～5分：你是一个很能干的人，但是有时候也会感到恐惧，不敢面对困难。你需要多多鼓励自己，让自己勇敢一点。

6～8分：你讨厌平庸，喜欢富有挑战性的生活。这种人比较顽固，往往听不进别人的劝诫，有时甚至会毫无道理地反对自己，但是往往也更容易认清时局，战胜困难，走出逆境。

9～10分：你天生富于挑战性，而且不达目的不罢休，逆商很高。

让这一次的"失"变成下一次的"得"

失败是变相的胜利，因为低潮同时也是高潮的开始。

——哈佛大学计算机科学硕士　李维·扬·托马斯

由于缺乏指导、鼓励，或是个人意志力薄弱等原因，许多年轻人在遇到挫折和失败之后往往会自暴自弃，甚至从此一蹶不振。为了解决这一难题，让更多的年轻人正确地认识和对待失败，哈佛大学继续教育学院的教授们再三告诫青少年："失败之后就灰心丧气，甚至对失败生出畏惧心理，是懦弱的表现，而且根本无济于事。对意志坚定的人来说，根本就没有所谓的失败。无论成功有多么遥远，失败的次数是多少，最后的胜利都在他们的希望之中。许多人之所以能够获得最后的胜利，就在于他们能够屡败屡战，将这一次的'失'变成下一次的'得'。一个没有遭受过重大失败的人，也难以体会到什么叫大胜利。"

在竞争激烈的社会中，很多人虽然丧失了很多物质上的财产，但是只要他们仍然怀着不服输的坚定意志，那么我们就不能视他们为失败者。有人说，失败是走上更高地位的开始，因为它能够给勇者以决心，使他们继续奋斗，不达目的誓不罢休。

1958 年，弗兰克·康纳利在自家的杂货店对面经营了一家比萨饼屋，以筹措他的大学学费。19 年之后，康纳利的连锁店已经开到 3 000 多家，资产总值三亿美元。他的连锁店叫作必胜客。

　　对于那些想自主创业的人，康纳利给了他们一个奇怪的忠告："你必须学习失败。"他的解释是这样的："我做过的行业不下50种，而这中间大约有15种做得还算不错，这表示我成功的概率大约是30%。但是，我也不能确定自己什么时候会成功。所以，你要想成功，必须先主动出击，学会失败，失败之后更要出击。当你的失败积累到一定程度时，成功就会出现。"

　　康纳利说，必胜客的成功必须归功于他从错误中学得的经验。在俄克拉荷马的分店失败之后，他知道了选择地点和店面装潢的重要性；在纽约的销售失败之后，他做出了另一种风味的比萨饼；当地方风味的比萨饼在市场上出现后，他又向大众介绍了芝加哥风味的比萨饼……康纳利失败过无数次，可是最终他把失败的经验变成了成功的基础。

　　遇到失败，最重要的是学会从中吸取教训，进而掌握取得成功的奥秘。因为失败也是有价值的，它能让你知道什么方法是行不通的。从失败中总结的教训越多，获得的成功经验也越多。屡试屡败之后获得成功的人，不但学到了行不通的方法，还学会了行得通的方法。正所谓"吃一堑，长一智"，说的就是这个意思。许多人正是经过上百次甚至上千次的失败，才取得了一番成就。

　　就像哈佛大学教授们对青少年们说的那样："人生是一个积累的过程，你总会摔倒，可即使跌倒了，你也要懂得抓一把沙子在手里。"失败了并不丢人，只要你能够总结经验教训，敢于继续尝试，就会有拥抱成功的那一天。

　　◎ **哈佛练习题**

　　你会畏惧失败等磨难吗？请做以下测试题，测一测你是否具有恐惧心理。

1. 你有没有害怕或敬畏过包括双亲在内的长辈?

A. 害怕过其中之一　　　　　B. 有时会　　　C. 不记得有

2. 你经常有力不从心之感吗?

A. 只要遇到困难,我都会有此感觉

B. 在碰到自己完全解决不了或无法解决的事情时,我会有这种感觉

C. 我很自信,处理任何问题都不会有力不从心之感

3. 你害怕过自己某一天会失业吗?

A. 我经常为此忧心　　　　　B. 有时会　　　C. 从未有过

4. 你总是很在乎别人对你的看法吗?

A. 是的,这对我很重要　　　B. 偶尔会　　　C. 根本不在乎

5. 你对具有权威的人有何感受?

A. 总是感到恐慌,不想多见　　　　　　　　B. 不愿意与其多接触

C. 对他们没有特别的惧怕

6. 你对别人养的小宠物有什么想法?

A. 感到害怕　　　B. 它们让我有些不自在　　　C. 很可爱,从不害怕

7. 你忧虑过有一天你的恋人会离你而去吗?

A. 的确,我一直忧虑　　　B. 有时会担心

C. 我对彼此的感情有信心

8. 你对自己的健康持什么样的观点?

A. 我一直害怕自己会在不久之后得某种难以根治的病

B. 我有时会因一些小病而忧虑

C. 我一直很健康,没有这方面的忧虑

9. 你一般以什么样的心理状态为自己拿主意?

A. 总是担心会出问题　　　　　B. 偶尔会有身心不宁之感

C. 很自信,认为不会有问题

10. 你对任何该做的事情都能负起责任吗?

A. 基本不是，责任能推就推　　B. 如果是我的责任，我愿意承担

C. 我愿意负起全责

答案解析：

评分标准：试题中，A、B、C 选项依次记 3、2、1 分。计算出总分。

测试结果：

10～14 分：你时常被恐惧心理困扰。可能是因为以前的失败，让你产生了一定的自卑心理，从此几乎害怕做任何事，这样你的生活里会缺少很多快乐。

15～24 分：你在一些重要场所或面临重大选择时会有恐惧心理。这在一定程度上也影响了你的生活。

25～30 分：你的心理是健康的，你能够勇往直前，不会被失败的恐惧打扰。

逆境是人生修炼的高等学府

顺境使我们的精力闲散无用，障碍却能够唤醒这种力量，并使我们妥善运用它。

——苏格兰哲学家、经济学家、历史学家　大卫·休谟

人的际遇有两种，一种是顺境，一种是逆境。在顺境中顺流而上，抓牢机会，也许每个人都能做到。但是，在陷入逆境时逆流而上，并不是每

个人都能做到。

其实，逆境和顺境是相辅相成的，就像毕业于哈佛大学的著名心理学家汉森·克鲁斯说的那样："逆境，逆境，就是危险中的顺境。"任何一次危机，其中都既包含导致失败的根源，又孕育着有助于取得成功的机会，而且危机越大机会也越大。在陷入逆境之中时，一个人只要善于利用逆境，就能开拓人生的新局面。

蜚声世界的美国人沃尔特·迪斯尼，年轻的时候只是一个无人赏识而且贫困潦倒的画家。为了改善自己的境遇，他几经周折，终于找到了一份替教堂作画的工作。

当时，他借用了一间废弃的车库，作为自己的临时办公室。可是，有了这份工作之后，他的生活依然没有出现转机，由于收入微薄，他经常入不敷出。更令他烦心的是，每次熄灯之后，一只老鼠"吱吱"地叫个不停，搅得他根本无法安静地入眠。他想拉开灯，赶走那个讨厌的家伙，可是由于身心疲倦，他整个人干什么都没有劲头，只好听之任之。后来他想，反正也睡不着，就权当老鼠的叫声是催眠曲吧！于是，他静静地听着那只老鼠的动静，甚至能够听到它在自己床边跳跃的声音。渐渐的，他竟然习惯了这只老鼠的陪伴。

后来，即便是白天，那只小老鼠偶尔也会大摇大摆地从他脚下走过，还得意忘形地在不远处做着各种动作。他成了它的观众，它则成了他的朋友，彼此相依为命。

一个像以往一样平常的漫漫长夜，他又听到老鼠的"吱吱"声，那一刻他的脑海中突然灵光乍现，于是他立刻打开灯，支起画架，画了一只老鼠的轮廓。世界著名的动画形象——米老鼠由此诞生。

即便身处逆境之中，迪斯尼也没有绝望，而是转换视角，把搅扰他生活的老鼠当成了朋友，最终将逆境变成了顺境。

逆境是一柄双刃剑，它能毫不费力地让弱者倒下，也能让强者更强。在坚强不屈的人面前，逆境就像人生修炼的高等学府一样，能够教导他们如何变得成熟，并使他们对人生和生活具有深刻的认识。历史上有许多伟人，他们或在生活的苦海中忍受着煎熬，或在世俗的偏见中挣扎，或在先天的落后中奋发向上，或在失败中依然充满信心……但也正是因为他们敢于知难而上，通过自己的努力走出了令人难以想象的逆境，所以他们最终成就了伟业。一帆风顺的成功者，在古今中外都少之又少。

汉森·克鲁斯先生精通中国的茶道，为了让青少年意识到逆境的重要性和必要性，他以泡茶为例，做了一个形象的比喻："用温水沏的茶，茶叶只会轻轻地浮在水面上，茶叶的清香难以散逸出来。可如果用沸水沏茶，而且冲沏了一次又一次，让茶叶浮了又沉，沉了又浮，沉沉浮浮，茶叶就会释放出它春雨般的清幽、夏阳似的炽烈、秋风似的醇厚、冬雪似的甘洌。世间芸芸众生又何尝不是茶呢？只有在岁月中沉沉浮浮，生命才能散发出阵阵香气。"

如果你现在正处于逆境之中，那么请你不要逃避，而是从这一刻起就振作精神，努力寻找孕育在逆境之中的契机，借此穿过黑暗的甬道，走向光明。

◎ **哈佛练习题**

面对逆境时你会如何行动：假如有一天你背着降落伞从天而降，你最希望自己降落在什么地方？

A. 青葱的草原平地　　　B. 柔软的湖畔湿地

C. 草木葱茏的山顶　　　D. 高耸的大厦顶楼

答案解析：

选择 A：你希望自己的人生能够一帆风顺，即便遇到运气不佳的时候，你也会尽力调整自己的步调，让生活恢复平衡。你基本上是一个墨守成规之人，适合过有规律的生活。

选择 B：你是一个保守的人，在遇到困境的时候，你总能忍受。如果运气不好，你会试着改变自己，但是偶尔也会打破常规。

选择 C：你是一个喜欢新鲜感的人，而且拥有相当积极的人生观。每次运气不佳时，你都会努力将危机化为转机。

选择 D：你追求上进，功成名就是帮助你渡过难关的原动力。遇到逆境时，虽然你心中百般恐慌，但是你仍旧会凭着自己的机智与耐力渡过难关。

任何一种磨难，都不是最糟的

上天完全是为了让我们的意志更坚强，才在我们前进的道路上设下了重重障碍。

——印度哲学家、1913 年诺贝尔文学奖得主　拉宾德拉纳特·泰戈尔

通向成功的大道总是充满了坎坷和泥泞。一路上，哈佛人始终秉持着一种百折不挠的精神，他们认为："要想追求卓越的生活，必然要经过一条布满荆棘的道路，没有哪个有所成就的人是一生都走在平坦的道路上的。不过，一个真正的强者，绝不会因此而裹足不前，而是像帝王蛾一样，没有在磨难中毁灭，而是因磨难而拥有了一双坚硬的翅膀。"

帝王蛾的幼虫时期是在茧中度过的。茧上有一个极小的洞，帝王蛾要

想破茧而出，必须经过这个狭小的通道，而这条通道对它来说无疑就是"鬼门关"，因为它的身躯是那么娇嫩，它必须拼尽全力才能从其中通过。在往外"冲杀"时，有太多太多的帝王蛾幼虫因力竭而身亡。

有人曾经怀着悲悯之心，用小剪刀把那条通道剪得比以前宽阔一些，以便帝王蛾幼虫不必费多大力气就能轻易地钻出那个"牢笼"，可是结果大大出乎了他们的意料。所有因得到救助而见到天日的帝王蛾，都不是真正的帝王蛾，因为它们无论如何也飞不起来，只能拖着不具备飞翔能力的双翅在地上笨拙地爬行！

原来，那"鬼门关"般的狭小茧洞，恰恰是帮助蛾子两翼成长的关键所在。在幼虫从其中穿过时，血液只有借助于用力的挤压才能顺利地到达蛾翼的组织之中，而唯有两翼充血，帝王蛾才能振翅飞翔。人为地将茧洞剪大，蛾子的翼翅就失去了充血的机会，自然就丧失飞翔功能了。

除了帝王蛾自己，没有谁能够施舍一双强健的翅膀给它。人也一样。在人生之路上，困难与不幸无法避免，但有些时候，它们并不都是坏事。因为平静、安逸、舒适的生活往往会使人安于现状、耽于享受，而痛苦和磨难则相反，它们虽然经常会令人感到不安或痛苦，但是它们对于人类来说就像烈火之于钢铁一样重要，钢铁只有在烈火中锤炼才能成为一个个有用的工具，人也一样，只有经历过磨难，一个人才会变得更坚强、更聪明、更成熟，才能不断地从中汲取经验，从而对生活有更深、更广的认识。在人生的旅途中，所有的事情都是相对的，无论是什么样的磨难，都不是最糟的，所以我们不应该抱怨或沮丧，而应该满怀信心，勇敢地面对磨难，并在磨难中锻炼自己、提升自己。

对那些有所成就的人来说，磨难不仅不是意外，反而是一种常态，因为任何一种磨难都是"增益其所不能"的锻炼。无数事实也证明，人们最出色的成绩，往往都是在经历过磨难之后做出来的。"自古雄才多磨难，从来纨绔少伟男"这句古语，说的也正是这个道理。因此，我们青少年要有一个辩证的挫折观，不宜一遇到磨难就退缩，而应该像帝王蛾一样，在磨难中获得"一双坚硬的翅膀"。即便磨难重重，只要我们善于自我宽慰，悦纳自己和他人，拥有不断进取的精神和百折不挠的毅力，必能品尝到成功的果实。

◎ 哈佛练习题

坚强的意志力能够帮助你克服许多磨难，让你在学习、工作和生活中变得更加积极、勇敢。请做以下测试题，看看你是不是意志力很强的人。

这项测试包括 A、B 两卷，共 26 道测试题，请根据你的情况从 A~E 这 5 个选项中选择一个作为你的答案：A. 符合你的情况；B. 比较符合你的情况；C. 一时难以确定是否符合你的情况；D. 不大符合你的情况；E. 完全不符合你的情况。

A 卷

1. 你喜爱体育运动，因为这些运动能够增强你的体质和毅力。

2. 你总是很早起床，从不睡懒觉。

3. 你信奉"不干则已，干就要干好"的格言。

4. 你投入地做一件事，是因为其重要、应该做，而不是因为兴趣。

5. 当工作和娱乐发生冲突时，你会放弃娱乐，虽然它很有吸引力。

6. 你下决心要坚持做下去的事，不论遇到什么困难，你都能持之以恒。

7. 你能长时间做一件非常重要却无比枯燥的工作。

8. 一旦决定行动，你一定说干就干，绝不拖延。

9. 你不喜欢盲从别人的意见和说法，而善于分析、鉴别。

10. 凡事你都喜欢自己拿主意，只把别人的建议当作参考。

11. 你不怕做没做过的事情，不怕独自负责，你认为那是锻炼自己的机会。

12. 在与同事、朋友、家人相处时，你从不无缘无故地发脾气。

13. 你一直希望做一个坚强、有毅力的人。

B 卷

1. 你给自己制订了计划，但常常因为主观原因不能完成它。

2. 你的作息时间没什么标准，完全靠一时的兴趣与情绪决定，常常变化。

3. 你认为做事不能太累，做得成就做，做不成就算了。

4. 有时你临睡前发誓第二天要干一件重要的事情，但第二天又没兴趣了。

5. 你常因为读一本妙趣横生的小说或看一个精彩的电视节目而忘记时间。

6. 如果工作中遇到什么困难，你首先会想到去请教别人。

7. 你爱好广泛，但又善变，做事情常常因为心血来潮。

8. 你喜欢先做容易的事情，困难的能拖就拖，不能拖时则马马虎虎地应付了事。

9. 你不会太怀疑那些你认为比你能干的人的观点。

10. 遇到复杂的情况时，你常常拿不定主意。

11. 你生性胆小怕事，如果没有百分之百的把握，你从来不敢行动。

12. 与人发生争执时，有时你明知自己有错，却忍不住要辱骂对方。

13. 你相信机会的作用大大超过个人的艰苦努力。

答案解析：

评分标准：A 卷试题中，A、B、C、D、E 选项依次记 5、4、3、2、1 分；B 卷试题中，A、B、C、D、E 选项依次记 1、2、3、4、5 分。将 A、B 卷得分加起来，计算出总分。

测试结果：110 分以上：你的意志十分坚定。

91～100 分：你属于一个意志力较强的人。

71～90 分：你的意志力一般；

51～70 分：你的意志力比较薄弱；

51 分以下：你的意志力十分薄弱，需要加强锻炼。

能负重前行的人，才会拥有彩色的人生

即便是跟生活的粗暴打交道、碰钉子、受侮辱，也不得不狠下心来斗争，这是一件好事，能够令人充满生机。

——法国思想家、1915 年诺贝尔文学奖得主　罗曼·罗兰

特蕾莎·勒温是哈佛大学人类行为动力学教授，她在给学生们讲解专业知识时，曾经这样说道："在一定条件下，压力可以转化成精神上的催化剂。我所说的压力，包括自然灾害、形势恶化等有形的外部压力，以及忧虑、危机感等无形的精神压力。当这些压力保持在一定的限度之内时，往往能够激发出一个人的潜能，使其努力渡过难关。""创新过程之父"亚历克斯·奥斯本也非常重视压力的积极作用，他说："谁被逼到角落里，谁就会有出奇的想象力。"

一般情况下，人们的潜能只有一小部分被发掘出来了，只有在受到适度的压力时才能发挥到极致，使人们创造出令人震惊的奇迹。不过，在学习或工作中，有些年轻人总爱抱怨，说老师或领导总爱找麻烦、挑毛病，折腾自己，令自己觉得不堪重负。其实，也正因为老师或领导给我们施加了适当的压力，才使得我们不仅会自己动脑思考、动手去做，还能准时完成任务。除此之外，这种做法还能尽早激发出我们的潜能，并使我们意识到自己的真实力量到底有多大。

卸下货物之后，一艘货轮空舱返航。在烟波浩渺的大海上，这艘货轮突然遭遇了巨大的风暴。老船长果断下令："打开所有货舱，立刻往里灌水。"水手们半信半疑地照着做了。虽然暴风巨浪依旧那么猛烈，但是随着货舱里的水越来越满，货轮渐渐地恢复了平衡，最终到达了安全海域。

直到这时，大家才松了一口气。有些水手忍不住好奇地问船长："为什么往船里灌水，船反而安全了呢？"船长回答："一只空木桶是很容易被风打翻的，可如果把它装满水，让它负重而立，风就打不翻它了。船也一样，负重时是最安全的，空船才危险。"

船如此，人也一样。肩上没有重负的人是危险的，随时有可能被突如其来的危机打翻。

老子曾经说过："君子终日行而不离辎重。"意思是君子整天到处走都不离开满载行李的车辆。这么说并非简单地指旅途之中一定要有所承重，而是要学习大地负重载物的精神。大地负载重物，生生不息却毫无怨言，也不向万物索取任何代价。人应该效法大地，拥有为众生挑起一切苦难的意识，而不可失去负重致远的责任心，这样才能在遇到事情时泰然自若地欣赏路边五彩缤纷的风景。

在遇到压力时，消极逃避的是懦夫，积极面对的是勇士，挑起重负并有效加以利用的是强者。而只有强者才有希望看见成功女神高擎着的橄榄枝，进而看得更高、走得更远。所以，无论是青少年还是成年人，都请像哈佛学子一样牢记勒温教授的教诲，将压力转化成不断进取的内驱力，时刻激励自己去迎接新的挑战，攀登新的高峰。

◎ **哈佛练习题**

你能很好地应对压力和麻烦吗？做一做下面这道测试题你就知道了。

很多人都喜欢在床边放一盏灯，你会选择一盏什么样的灯伴你进入梦乡？

A. 带有华丽的欧洲宫廷雕像的灯

B. 具有英国乡村蕾丝风格的灯

C. 卡通造型的灯

答案解析：

选择 A：遇到压力时，你会找其他方式来舒缓紧张的情绪，等到心情平静下来之后再慢慢地思考解决方法，以便自己能够顺利地走出逆境。你是一个既有耐心又积极向上的人。

选择 B：你总是很讨厌麻烦的事，所以一旦遇到意外情况，你就会非常不耐烦，并且担心不能处理得当。对一些有规律性的工作，你通常能够做得很好，可是如果临危受命，你会慌张起来，缺乏耐心应付的能力。

选择 C：你不甘示弱，经常用一些辞藻来掩饰自己内心的不充实。如果是男士，喜欢控制别人；如果是女性，则争强好胜，敢于竞争。

伤痛往往是另一番生命的开始

勇气存在于自我恢复的能力之中。

——哈佛大学毕业的美国思想家、文学家　拉尔夫·沃尔多·爱默生

哈佛大学有这样一个训示："伤痛就像挫折和困难一样，随时有可能

找上我们任何一个人，我们不应该被它打倒，而是要勇敢地面对它，只有这样才能战胜和超越它，重新振作起来，开始新的生活。"

虽然每个人都渴望幸福，但是在现实生活中我们难免要经历一些伤痛。遇到这种情况，许多人都无法从伤痛中走出来，不再对一切抱有希望，甚至觉得生无可恋。比如，在学习上屡遭挫折或是经历过几次失败的恋爱之后，有些年轻人就会觉得自己一无是处，并对生活失去信心，整天沉浸在痛苦之中。可是这样不但不能改变现状，而且会形成恶性循环。只有正视失败，并且找到其中的原因，才能对症下药，开始新的生活。无数人的经历证明，走过这段人生历程之后，你就会发现，当初许多你自以为难以承受的伤痛，在如今看来都是那么微不足道，因为时间可以抚平伤口，也可以冲淡一切，而且这些伤痛能够使我们变得越来越坚强，甚至是另一番生命的开始。

一个小女孩罹患先天性心脏病，动过一次手术，胸口留下了一道又深又长的伤疤。

一天，在换衣服时，小女孩从镜子里看见了这道伤疤，不由得大哭起来，对妈妈说："妈妈，我身上的伤口这么长！我永远也不会好了。"

孩子的敏感令妈妈感到既惊讶又心酸。惊讶和心酸之余，她撩起自己的裙子，当年剖腹产时留下的刀疤顿时展露无遗。接着，她指着这道刀疤，对小女孩说："你看，妈妈身上也有一道这么长的伤疤。当你还在妈妈肚子里的时候，你生病了，根本没有力气出来，差点儿就死在妈妈肚子里了，幸好医生把妈妈的肚子剖开，这才把你救了出来，不然妈妈就见不到你了，所以妈妈一辈子都感谢这道伤疤！同样的，你也要谢谢你的伤口，不然你的小心脏也会死掉，这样你就见不到妈妈了。"

感谢伤口？！这四个字就像钟鼓一样撞击着我们的内心，令我们不由得低下头，检视自己的伤口。它并不在我们身上，而在我们的内心深处。每一次失败和伤痛，都会化作伤疤，蛰伏在我们心底，时不时地隐隐作痛。然而，如果没有经历过撕心裂肺的伤痛，又哪能对身心放松的愉悦有深刻的体验？如果没有经历过坎坷，哪能品尝到再次成功的喜悦？

留在心底的那道伤疤，让我们在青春的岁月里明白：伤痛往往是生命的重生！所以，我们不妨像哈佛人一样，无论遇到什么伤心事，都勇敢地正视它，并且超越伤痛，重新燃起对生活的希望，将每一天都看作最美好的一天，让自己重获新生。

◎ **哈佛练习题**

在失败或悲伤时，你是一味地逃避还是勇敢地面对现实？你能承受住这种打击吗？你的内心到底能够承受多大的压力？根据你自己的真实情况做完下面的测试题，你就知道了。请以"是"或"否"作答。

1. 你是否一向准时赴约？

2. 和配偶或朋友相比，你是否更容易和其他人沟通？

3. 你是否觉得周六早晨比周日傍晚更容易放松？

4. 与工作相比，你是否觉得无所事事更好？

5. 安排业余活动时，你是否一向都很谨慎？

6. 当你处在等待状态时，是否经常感到懊恼？

7. 你多数的娱乐活动是否都是和同学或同事一起进行的？

8. 你的配偶或朋友是否认为你随和、易相处？

9. 你有没有觉得某位同事非常积极进取？

10. 运动时，你是否经常想到要改进技巧，多赢得胜利？

11. 处于压力之下，你是否仍会仔细地弄清每件事的真相才做出决定？

12. 旅行之前，你会做好行程表的每一个步骤，如果计划必须改变，你是否会觉得不自在？

13.　在参加酒会时，你是否喜欢与人闲谈？

14.　你是否喜欢闷头工作，并且躲避处理人际关系？

15.　你交的朋友是不是多半是同一行业的？

16.　当你生病时，你是否会将工作带到床上？

17.　你平时的阅读物是否多半和工作相关？

18.　相比同事来说，你是否花更多的时间在工作上？

19.　你在社交场合是不是三句话不离本行？

20.　你是不是在休息日也会焦躁不安？

答案解析：

评分标准：第 4、8、13 题回答"否"记 1 分，"是"记 0 分；其他题目回答"是"记 1 分，"否"记 0 分。计算出总分。

测试结果：

0 ~ 9 分：你兴趣广泛，懂得放松，而且思维缜密、非常有耐心，无论遇到什么事都能从容应对，承压能力强。

10 ~ 11 分：你的承压能力适中，平时最好能够适当地强化心理抗压训练。

12 ~ 20 分：你喜欢追求成就感，但是做事缺乏耐心，对压力非常敏感，甚至有些过激，比如一旦拖延就会产生一种罪恶感。你需要强化自己的心理素质，增强承压能力。

第十一章　让哈佛学子铭记一生的七句箴言

阅读：“贵族化”你的气质

如果两个人读过同一本书，那么他们之间就会有一条纽带。

——哈佛大学毕业的美国思想家、文学家　拉尔夫·沃尔多·爱默生

随着社会的快速发展，社会知识量急剧增长，但是与此同时，人们的阅读水平没有得到相应的提高，很多人反而丧失了阅读兴趣，转而关注多媒体等高科技成果。面对这一现状，哈佛大学新闻传播学教授奥里弗·威尔森对学生们说：“如果你们希望自己将来能够尽快地融入社会，那么你们在学校里就没有晒太阳的时间，而应该把时间花在学习上，学习是一个人认识自己和了解世界的最好渠道。尤其是青少年时期的阅读，对一个人的成长和发展具有重大意义。”

书籍之中蕴含着人类千百年来积累下来的智慧，它一点一滴地推动着人类向前发展，是人类进步的阶梯。阅读那些伟大的著作，我们可以进入一个神奇而又美妙的世界，不但能够了解世界、看清自己，还能增长知识，获得我们无法亲身经历的人生体验。毕竟人生是有限的，我们不可能事事都亲自体验，但是通过阅读，我们可以游遍世界，有效地补充个人经历的不足，让生活变得丰富多彩、乐趣无穷。

法国文学家、思想家、哲学家伏尔泰说：“当我第一次读一本好书的时候，我仿佛找到了一位好朋友。”阅读一本好书，就相当于在跟伟人朋友“畅谈”，而借此我们不但能够消除忧愁、驱散寂寞，还能在伟人的指

引下变得快乐、成熟，逐渐成长为一个学识渊博、气质高雅的人。

哈佛大学的教育经验告诉我们，不读书的人不会有真正的修养。中国的古语也说："腹有诗书气自华。"只有经过书籍的浸润，我们的心灵才会饱满。读书不一定能够改变人生的长度，但是一定可以改变我们对待生命的态度。也许对不同的人来说，好书的定义不尽相同，但是人们在阅读中受到知识的熏陶是一样的，并往往因此而拥有高贵的气质。

杰克·伦敦小时候生活贫困，他自己也没有心思上学，一提起学校，脸上就露出不屑一顾的表情。他整天跟着一群小混混在旧金山海湾附近游荡，还经常干一些偷鸡摸狗的勾当。

有一天，他一时心血来潮，走进一家公共图书馆，从书架上随便抽出一本书——《鲁宾逊漂流记》，漫不经心地看了起来。谁知他越看越着迷，竟然被书里的内容打动了。虽然这时他已经饥肠辘辘，但是他舍不得放下书回家吃饭。直到这时，他才发现自己原来那么喜欢文学，于是他决心当一名文学家。

19岁那年，他进入加利福尼亚州的奥克德中学。他不分昼夜地用功学习，几乎没有好好地睡过一觉。天道酬勤，他也因此有了显著的进步，只用了三个月的时间就学完了中学课程，并且通过了考试，顺利进入加州大学。

他一直渴望成为一名伟大的文学家。在这一雄心的驱使下，他一遍又一遍地读《金银岛》《双城记》等文学名著，之后全身心地写作，最终成为美国文艺界最知名的作家之一。

可以说，阅读提升了杰克·伦敦的气质，改变了他的人生航向，让他找到了自己的人生坐标，最终从一个小混混成长为一代文学巨匠。

像杰克·伦敦这样的成功人士还有很多。其中有些人甚至没有受过良好的教育，但是他们热爱读书，通过自己的勤奋好学不断地更新自己的知识，提升自己的素养，最终取得了一番成就。也正因为如此，奥里弗·威尔森教授才总是这样告诫自己的学生："阅读是青少年成才的必由之路，所以你们必须多读书，不断地开阔自己的眼界、积累知识，在阅读中不断成长，以便掌控好自己的人生之舵。"只要是能够滋润心灵、提升气质的精神食粮，多多益善！

有志于成才的青少年们，你们一定要珍惜自己现在拥有的这一段美好的青春时光，不妨从这一刻起就开始阅读，以便增长自己的知识，开阔自己的眼界，"贵族化"自己的气质，为将来的成功打下坚实的基础。

◎哈佛练习题

在当今的学习型社会中，我们除了要多多阅读之外，还需要通过不断地学习强化自己其他方面的能力。这时，学习能力就显然非常重要了。做一做下面的测试题，了解一下你是否已经具备这种能力！请分别以"经常""偶尔"或"从不"作答。

1. 喜欢记忆诗句、文章。

2. 喜欢看报纸、杂志，不管能否看得懂。

3. 提出诸如"什么时候开始的"这类问题。

4. 喜欢一个人观察某种东西。

5. 对新鲜的事物感兴趣。

6. 可随音乐起舞或演唱。

7. 在生活中遇到不明白的问题时，经常会产生疑问。

8. 别人在你非常熟悉的地方更换某些东西，你会立即发现。

9. 轻而易举地学会骑自行车、溜冰等。

10. 很愿意扮演各种角色，而且喜欢编故事，还自己做主角。

11. 走街过巷，能指出这里或那里自己曾经到过。

12. 喜欢听各种乐器演奏，凭乐声便能判断出是哪种乐器。

13. 擅长绘制地图和描绘物体。

14. 善于模仿人的各种动作和表情。

15. 乐于按照大小和颜色对自己的学习用具进行分类。

16. 会进行推测，比如说："屋子被翻得乱七八糟的，可能是被盗了。"

17. 看电视或电影时乐于猜想后面的情节。

18. 可对不同的声响进行评论。

19. 初次见到某人时，往往会说："他使我联想起某某。"

20. 能准确判断自己能干些什么或不能干些什么。

答案解析：

评分标准：回答"经常"记 3 分，"偶尔"记 2 分，"从不"记 1 分。计算出总分。

测试结果：

45 分以上：具有很强的学习能力。

26 ~ 44 分：具备一定的学习能力。

25 分以下：学习能力有待提高。

思考：不能无视积极思考的力量

不下决心培养思考习惯的人，便失去了生活中最大的乐趣。

　　　　——著名发明家、物理学家、企业家　托马斯·阿尔瓦·爱迪生

在人生之路上，我们可能会遇到很多事情，其中有些事是难以解决的。

面对这种情况，我们的心灵难免会被盘根错节的难题纠缠，茫然不知所措。事实上，只要我们能够静下心来思考，往往就能轻易地找到问题的症结所在。

在哈佛大学校园里，流传着这样一句经典格言："积极思考是催生智慧的最好温床。"无论遇到什么样的困难，只要我们多进行正面、积极的思考，就能顺利地解决问题。许多人正是具备了这样一种积极的行为方式，最终取得了学业或事业的辉煌。

约翰·道尔顿幼年家贫，没有正式上过学。十岁那年，他曾经接受过数学启蒙教育，两年之后就成了一所乡村学校的老师。15岁时，他来到肯德尔的一所学校任教，并在那儿结识了盲人哲学家J.高夫，在他的帮助下自学了拉丁文、希腊文、法文、数学和自然哲学。

这一天，道尔顿在一家商店里为母亲买了一双棕灰色的长袜，谁知母亲见了这双袜子之后说："傻孩子，这双袜子的颜色这么鲜艳，我这么一大把年纪了，怎么好意思穿出去？"道尔顿一本正经地说："妈妈，棕灰色的袜子正适合你这样年龄的人穿呀！"母亲笑着说："这双袜子明明就是樱桃红色的嘛，你怎么会说它是棕灰色的呢？"

道尔顿感到非常奇怪：这双袜子明明是棕灰色的，为什么母亲却说它是樱桃红色的呢？难道人与人之间的视觉还存在差异吗？为了解开这个疑惑，他找来许多亲友，请他们分别说一说这双袜子到底是什么颜色的。结果除了他和他弟弟认为袜子是棕灰色的之外，其他人都说袜子是樱桃红色的。

道尔顿更加不解了，他又做了许多实验，最后证明他和他弟弟都是"色盲"。这是色盲现象第一次被发现并被作为一种理论提出来。

正是因为善于思考，约翰·道尔顿才发现了色盲现象。他能够成为英国著名的化学家、物理学家、气象学家，无疑也跟他善于思考分不开。在人类历史的长河中，正是这样一桩桩通过思考实现的巧合之事，使人类得以不断地进步和发展。

哈佛人历来重视思考的作用，正如哈佛大学神经生物学系教授萨莉·斯贝西所说："思考是大脑的活动，人的一切行为都受它的指导和支配。虽然我们看不见也摸不着它，但是它是真实地存在着的，而且对个人的发展具有巨大的影响。甚至可以说，一个人有什么样的思考方式，就会有什么样的命运。"

青少年正处于思维活跃期，因此无论是遇到错综复杂的难题，还是看到一些微不足道的小事，都不宜轻易放过，而应该积极地开动脑筋，多角度地思考，尽可能地开发自己的思维能力。只有这样，才能让自己的智慧得到升华，既顺利地解决问题，又有新的发现。

◎ 哈佛练习题

根据自身情况，如实回答下面的问题，看一看你的思维能力如何。请以"是"或"否"作答。

1. 大家一起探讨问题时，你的发言精彩吗？

2. 你是否总是对一些现象感到困惑，并想一探究竟？

3. 说话时，如果不小心犯了错误，你是否会紧张甚至张口结舌？

4. 你满意自己的成绩吗？

5. 你说话时条理清晰吗？

6. 你是否能在影视剧中发现一些不合逻辑的情节？

7. 你能否很快领悟一篇文章的主题？

8. 当大家一起讨论问题时，你是否能提供有用的意见或建议？

9. 思考问题时你感觉疲劳吗？

10. 做几何证明题对你来说是不是难事？

11. 你能发现老师讲课时出现的错误吗？

12. 在解题过程中你是否常常能找到多种解法？

13. 在写信时，你会感到表达困难吗？

14. 你能在别人说客套话时就猜到他们来的真正目的吗？

15. 你是否擅长说一些笑话逗乐周围的人？

16. 你会用倒置的方式思考问题吗？

17. 一般看书或影视作品时，你能根据开头准确地猜到结尾吗？

18. 你曾在作文竞赛中获奖，或在报刊上发表过文章吗？

19. 你周围的人有难题时是否会寻求你的帮助？

20. 你是否会觉得不知如何向另外一个人表达你的意思？

21. 当你不小心说了不合时宜的话或做了不得当的事情时，你是否能用开玩笑的方式来摆脱窘境？

22. 你是否总能找到一些东西去代替那些你需要却找不到的物品？

23. 你对下棋、打牌等益智类游戏感兴趣吗？

24. 在你工作时，灵感会经常出现吗？

25. 别人乐于接受你的意见吗？

26. 几种意见相持不下时，你能找出其中的统一性，并做归纳总结吗？

27. 你在玩游戏时是否非常想取胜？

28. 你经常与别人辩论吗？

29. 你擅长用比较来表达你的意思吗？

30. 在考试中，你感觉时间太短而完不成试题？

答案解析：

评分标准：第 3、9、10、13、20、30 题，回答"否"记 1 分，"是"记 0 分；剩余的题目回答"是"记 1 分，"否"记 0 分。

测试结果：

21 ～ 30 分：思维水平高，理解力强。

10 ～ 20 分：思维水平一般，理解力尚可。

0 ～ 9 分：思维方式不当，理解力较差。

眼界：眼界开阔，内心才会丰饶

智慧并不产生于学历，而是来自对知识终生不渝的追求。

——1921 年诺贝尔物理学奖得主　阿尔伯特·爱因斯坦

在一堂经济学课上，哈佛大学商学院教授弗兰克·波什风趣地说："上天给了鸡和雄鹰同样的翅膀，让它们享受翱翔，然而鸡只知就近觅食，目光仅仅满足于眼前的地面，将搏击长空的美丽翅膀退化为一种装饰物。同学们，你们甘于做一个像鸡一样目光短浅的人吗？我相信你们一定会说'不'，既然如此，那么请你们现在就行动起来，努力开阔自己的眼界。只有这样，你们才能具有丰富的见识，在人生道路上不断前进。"

开阔视野的确非常重要。视野不远，我们会目光如豆；视野不广，我们会为盲点所困。因为，世界无限广阔，知识永无穷尽。如果我们把自己看到的一个角落当作整个世界，把自己知道的一点点知识看作人类文明的总和，那么我们就会像枯井里的青蛙一样，成为眼界狭窄、学识浅薄的代名词，难以看到世界的真面目，更难以走在时代的前列。尤其是当今这个时代，科技日新月异，社会瞬息万变，如果一个人总是安于现状，拘泥于单一的环境，不去开阔自己的视野，最终必定难成大事。

哈佛大学的人生智慧启示我们，眼界不同，看到的事物自然不同，结局也不一样。

第二次世界大战结束之后，战胜国决定成立一个处理世界事务的组织——联合国。在什么地方建立组织总部呢？地点应当选在一座繁华的城市，可是在任何一座繁华城市购买、建立一座高楼大厦的土地都需要很大一笔资金，而联合国才刚刚起步，资金并不充裕。

就在各国首脑们为此事大伤脑筋之时，洛克菲勒家族出资870万美元，在纽约买下一块地皮，无条件地捐赠给了联合国。

人们得知了这一消息，顿时议论纷纷，不知道洛克菲勒家族为什么会做出这一惊人之举。后来人们才知道，洛克菲勒家族在买下捐赠给联合国的那块地皮的同时，也买下了与那块地皮毗连的全部地皮。等到联合国大楼建筑完成之后，四周的地皮价格立即飙升。现在，已经没有人能够计算出洛克菲勒家族凭借毗连联合国的地皮获得了多少个870万美元。

洛克菲勒家族能够收获累累硕果，不仅仅因为他们财力雄厚，还因为他们在经营方面视野开阔、眼光独到，能够突破一般人的思维模式，并且深知"放长线钓大鱼"的道理，因此虽然刚开始时看似吃亏，但是实际上获益良多，令人不得不佩服。所以，我们必须努力开拓眼界，增长见识，让心灵变得既丰饶又美丽。

那么，怎样才能做到这一点呢？弗兰克·波什教授说："世界上所有的问题都是人们用智慧解决的，而智慧又来源于日常的知识积累，因此我们必须极力打破时空、专业、信息、个性等的限制，不断地汲取新的知识。"具体来说，就是我们既要向书本学习，还要学会细心地观察身边的一切，深入地体验生活。只有细心地观察和触摸，才能知道仙人掌的刺和乌龟的壳有多硬；只有亲自去田地里干活，才能体会到劳动的辛苦和知识的可贵；只有登上山顶、亲临大海，才能感受生命的辽阔；只有为贫困学生捐钱捐物，才能感受到帮助别人的快乐……当我们具备了丰富的知识和人生阅历之时，智慧自然会悄然而至，我们也就能更好地规划人生、把握机遇，构筑和实现他人无法企及的梦想。

◎哈佛练习题

要想开阔眼界，不但需要不断地积累知识、体验生活，还需要有良好的观察能力。你的观察能力如何？请在你认为合理的表述后面打上"√"，不合理的则打上"×"，测一测你的观察能力。

1. 对方过分热情的态度可能是你要遭拒绝的信号。

2. 喜欢谈论你的秘密和弱点的人，很可能是你以后的对手。

3. 故意反驳对方，可以了解对方对问题的关心程度。

4. 谈话刚开始时，对方就说"知道了"，这很可能意味着你将被拒绝。

5. 初次见面就表现出粗鲁态度的人，往往内心很不安或很脆弱。

6. 言谈模棱两可，很可能是对自己缺乏信心的表现。

7. 初次见面与对方多谈论一些过去的回忆是非常唐突的做法。

8. 对方向你提出苛刻条件，不能表明对方没有诚意，很可能是对方在试探你的底线。

9. 谢绝对方所敬的香烟，而抽自己的烟，也是一种不礼貌的表现。

10. 双方谈论一个问题时，如果对方露出沉思的表情，你应该乘胜追击。

答案解析：

评分标准：每题打"√"记1分，打"×"记0分，将每题的分数相加，计算出总分。

测试结果：

8～10分：你总能注意到被别人忽略的部分。你能够一眼就识破对方的意图和想法，但是也不能太自信，因为初次见面实际只能触及对方最表面的那一部分，而难以了解对方的性格。

5～7分：你是个很细心的人，在与陌生人打交道时，你很注意观察和了解对方的想法，但是你往往过于关注对方的表面态度和情绪，没有透过现象发现对手的真实意图的本领，需要注意看清人或事物的本质以后再做决定。

0～4分：你缺乏敏锐的观察力。每次和陌生人见面，你都按照自己的思路去揣摩对方，其结果是看错人、表错态，让自己陷入失败的阴影不能自拔。你的头脑中有些想法偏执又古怪，这样你不仅无法按照自己的模式去理解别人，也无法被别人理解，甚至难以跟别人正常沟通。你要试着敞开心灵，给别人一个了解你的机会，再慢慢地培养自己的观察力，更好地和别人相处。

选择：方向对了，努力才有价值

并不是付出就能有回报，关键在于你选择了什么。选择什么，你就会得到什么，但是，如果你什么都想选择，那么什么都不会选择你。

——哈佛大学商业管理学院教授　杰森·艾勒斯

在每年的毕业季到来之前，哈佛大学的导师们经常借用本校商业管理学院教授杰森·艾勒斯的话告诫自己的学生："并不是付出就能有回报，关键在于你选择了什么。什么样的选择决定什么样的生活。我们今天的生活现状就来自我们昨天的选择。你们的未来也一样，由你们今天的选择决定。每个人得到的机会都是均等的，不同的只是人们的选择。只有方向选对了，努力才有价值。如果方向选错了，必然适得其反；如果什么都想选择，那么什么都不会选择你。"

为了让学生铭记选对方向的重要性，哈佛教授还经常给学生讲一些与选择相关的例子，下面这则趣谈就是他们所举的其中一个例子。

有一个美国人、一个法国人和一个犹太人因故被捕，他们即将在同一所监狱里度过三年的牢狱生涯。监狱长告诉他们，他可以答应他们每人一个要求。美国人爱抽雪茄，于是要了三箱雪茄。法国人最浪漫，要了一个美丽的女子相伴。犹太人一心放不下自己的生意，于是要了一部能够与外界取得联系的电话。

三年之后，这三个人都服刑期满。第一个冲出来的是美国人，只见他的嘴里、鼻孔里塞满了雪茄，一边跑一边大喊："给我火，给我火！"原来，他忘记要火了。

接着出来的是法国人，只见他手里抱着一个孩子，美丽的女子手里也牵着一个孩子，肚子里还怀着第三个。这个法国人一副愁眉苦脸的样子，因为他这时正在考虑着要如何将自己的孩子抚养成人呢。

最后出来的是犹太人，他紧紧地握住监狱长的手，说："感谢你让我拥有一部电话。这三年来，我每天都跟外界联系，因此我的生意不但没有停下来，反而越做越大。为了表示我对您的谢意，我送你一辆劳斯莱斯！"

犹太人的确很有头脑，他选择了适合自己的东西，找对了前进的方向，所以即便身在牢房，他依然能够在生意上取得成功。

高尔夫球教练也经常会说："方向是最重要的。如果选错了方向，要想成功必定难上加难。"很多时候，虽然我们已经很努力，可是取得的成绩却不可观，就是因为我们弄错了方向。而一旦选错了方向，我们先前的努力就白费了。不过，最糟糕的还不是选错方向，而是选错了方向之后还不知道立刻调整方向，依然盲目前进。这种漫无目的的奋斗，必然难以有所收获，只会给我们带来更大的损失，甚至使我们从此踏上"不归路"。因此，在做选择之前，我们一定要谨慎。

作为社会未来支柱的青少年，现在面临的主要选择是勤奋学习还是懒散懈怠。学习和游戏、谦逊和叛逆、文科和理科……你选择了什么？你是否感受到选择的重要性以及你的巨大影响力？当你轻视自己的选择权时，它就真的无足轻重；可当你重视自己的选择权时，它又会变得举足轻重。你只有慎重地做出对你的未来有利的选择，并为此而不懈奋斗，才能有一个美好的明天。

毕业之后，青少年还将面临择业等人生选择。面对这种情况，大家不宜徘徊和迷茫，而应该弄清楚自己想做什么、能做什么，然后选择适合自己的职业，并对自己的职业生涯做一个合理的规划。在这个世界上，并没有标准的对与错、好与坏，只要是适合你的就是最好的，对人生方向的选择也一样。要想有所作为，就必须找到适合自己的人生理想，这就是对的方向。此外，在择业时，还要考虑到自己的兴趣和爱好，因为一个人只有在做自己喜欢做的事情时，才可以感受到成功的喜悦。只有这样，才不会辜负哈佛大学导师们的教导，使自己的努力体现出它应有的价值。

◎ **哈佛练习题**

人生时刻面临选择，哪怕是生活中的一件小事，选择错了也会遭受损失。做下面这道测试题，看一看你是否善于选择。

三兄弟在车站等车，可是车子一直没有来。老大的意见是继续等。老二说："还不如往前走呢！等车赶上咱们时，咱们已经走出一段路了，到时再跳上去也不迟啊，这样说不定可以早点到家呢。"老三反对说："即便要走，也不应该往前走，而是要往后走，这样我们就能更快地遇到迎面开来的车子，咱们也就可以早点到家了。"

兄弟三人谁也不肯听谁的，只好各行其是。老大留在车站等车，老二顺着车前进的方向向前走，老三则向后走去。

请问：哥儿三个谁先回到家里？谁的做法最明智？

答案解析：

老三向后走了一会儿，就看见迎面驶来的车，连忙跳了上去。这辆车驶到老大等车的车站，老大也跳了上去。过了不久，这辆车赶上了老二，老二也上来了。兄弟三人都坐在同一辆车上，当然是同时回到家里。可是最聪明的是大哥，他安逸地留在车站等车，比两个弟弟少走了一段路。

锻炼：选择两三项喜欢的运动，坚持下去

健康是人生的第一财富。

——哈佛大学医学院临床医学教授 布莱特·辛普森

泰勒·本·沙哈尔是哈佛大学心理学硕士、哲学和组织行为学博士，近年来专门从事提升个人和组织机构的优势开发、自信心以及领袖力的研究，被哈佛大学的学生称为"最受欢迎的导师"，他非常重视运动，提倡学生要加强体育锻炼。

对沙哈尔博士来说，运动是一种投资。他说，当一个人花了30分钟

运动，又用 15 分钟冲了一个澡，看上去好像白白浪费了 45 分钟，但是实际上获得了很多。因为人在锻炼之后记忆力会变得更好，创造力水平会得到提升，能量水平也会逐渐上升。从这一点来看，运动显然是一笔收益很大的投资。

医学研究也证明，运动的确具有很大的益处。运动会消耗大量的能量，既能提高心脏的功能，又可以加快血液循环，为大脑提供更多的氧气和养分，使大脑的反应更加敏捷。只要是增氧健身运动，都有健脑作用，其中以弹跳运动的效果最显著，能够给大脑提供充足的能量，跳绳就是最好的代表。经常进行体育锻炼，不但有助于改善血液循环系统，增强有机体的心肺功能，还有利于人体骨骼、肌肉的生长，改善呼吸系统、消化系统的机能，提高有机体的抗病能力和抗衰老能力，使有机体能够适应内外环境的变化，并能缓解疲劳、陶冶情操，使人们精力充沛地投入到学习、工作之中，同时降低人体静止时的心率和血压，减少人体内的脂肪……想要保证身体健康，必须坚持进行体育锻炼。哪怕只是出门走一走、跳一跳、跑跑步，都对身体健康有好处。

相反的，如果不运动，就会给自己带来很多麻烦。比如，白领如果缺乏运动，就会进入亚健康状态，这不仅是在损耗健康，也是在消极地对待自己的工作。而如果是青少年缺乏运动，就会导致肥胖、自卑、懒散，对学习也提不起兴趣。说到这一点，相信许多青少年朋友都有这样的体会：经过长时间的伏案学习之后，不但不能取得预期的学习效果，反而会因为脑细胞供血和供氧不足而觉得疲劳、头昏脑涨；或是受其他一些原因的影响，变得沮丧、困惑或无聊……针对这种情况，沙哈尔博士强调，无论是已经参加工作的成年人还是正在上学的学生，都有必要进行多样性的体育锻炼。

不过，实际情况不容乐观。沙哈尔博士曾经去多所中学做过报告，发现很多学生都是被迫去参加体育锻炼的。在大学里，学生们最不常做的事情就是锻炼。这一情况很普遍，很严峻，主要原因在于大多数人都没有时间。比如，许多学生都说："我要考试，压力很大……"职场人士的借口则多是"我还有很多更重要的事情要做……"

沙哈尔博士告诉我们，一旦出现疲劳、头昏脑涨、沮丧等不良状况时，就需要停止工作、学习，把所有的烦恼都抛在脑后，去做一些自己喜欢的运动，比如跑步、打球等，到时你发现情况会改善很多。

自从引入体育课之后，美国伊利诺伊某区肥胖学生的比例就从总学生人数的 30% 下降到了 3%。

除此之外，这些开设了体育课程的学校的教学水平也出现了显著的上升。要知道，美国的学生通常在国际测试中很难获得好成绩，数学、科学测试通常都占第八位，但是伊利诺伊州的学生的表现是个例外，他们取得了数学第六、科学第一的好成绩，让整个美国教育界都感到惊奇。

在接受记者的采访时，这些学校的负责人一致表示，他们这么做并不只是希望学生们在学校里生活得更舒适、更自在，还是为了让学生们一生都健健康康。

从很多方面来看，该区学校的这种做法取得了显著的成效。相信与其他学生相比，该区的学生以后不但会继续保持好成绩，而且更不容易被癌症、糖尿病、心力衰竭等慢性疾病侵袭。

沙哈尔博士还强调："大家也都非常清楚，健康的身体是人们进行其他活动的基础和保证，没有一个好的身体，做什么事都会力不从心，所以请大家不要再以没有时间为借口拒绝运动，因为运动是不需要场所、技巧的，只要每天挤出一定的时间，坚持运动，相信大家一定会受益匪浅。"

青少年正处于身体发育阶段，尤其需要多多锻炼，所以不妨从今天开始，选择两三项适合自己的运动，甚至把它当成一种爱好，长期坚持下去，这样我们不但能够拥有健康的体魄，还能精力充沛地投入到学习、生活中去。

◎ **哈佛练习题**

许多人都怀疑自己正处于亚健康状态，却又不知道如何确定，这里有一个简单的自测法。请看下面的症状，如果符合你的实际情况，请按题后的分数记分；如果不符合，不记分。计算出总分，与测试结果相对照，就能得出你的健康状况。

1. 难以提高工作积极性，火气很大，但又没有精力发作。（5分）

2. 感到抑郁，经常发呆。（3分）

3. 经常想不起昨天的事。（10分）

4. 害怕走进办公室，觉得工作很讨厌。（5分）

5. 不想面对同事和上司，有自闭倾向。（5分）

6. 工作效率明显下降，令上司不满。（5分）

7. 每天工作一小时后就感到倦怠、胸闷、气短。（10分）

8. 早上起床时，有持续的发丝掉落。（5分）

9. 性欲减退，经常觉得疲惫不堪。（10分）

10. 盼望逃离工作室，好回家休息。（5分）

11. 对城市的污染、噪音非常敏感,更渴望在宁静的山水中休养身心。（5分）

12. 不再热衷于朋友聚会，有勉强应酬之感。（2分）

13. 经常失眠或做梦，睡眠质量很差。（10分）

14. 体重明显下降，眼眶深陷，下巴突出。（10分）

15. 感觉免疫力下降，春秋流感一来就中招。（5分）

16. 很少进食，对喜欢吃的菜也没什么兴趣。（5分）

答案解析：

30分以下：健康警钟已敲响。

30~50分：请从营养、运动、心理各方面改善你的生活状态。

50~80分：寻求专业医生的帮助，好好休息。

创新：成为一个探路者，而不是追随者

如果你要成功，就踏上新的道路，不要走上已经被踩烂的成功之路。

——美国实业家、慈善家　约翰·戴维森·洛克菲勒

哈佛大学非常注重开发和培养学生的创新能力，其毕业生大多以思维敏捷、善于思考著称，而且他们的创意也层出不穷，因此他们往往更容易取得突出的成就。哈佛大学第 24 任校长普西曾经说过这样一句话："是否具备创造力，是一流人才和三流人才的分水岭！"这句话强调了开发和培养学生的创新能力的重要意义。

在这个日新月异的信息时代，只有创新，才能在激烈的竞争中立于不败之地，才能更好地生存与发展，就像哈佛大学的教授们经常说的那句话一样："人生来的第一行动便是创造，因为只有创新才能带给我们生存的机会。"

1984 年，作为唯一申办奥运会的城市，美国洛杉矶获得了举办奥运会的殊荣。不过，由于以往的奥运会举办国都因为举办奥运会而遭受过经济损失，因此这次美国政府公开宣布不会对本届奥运会给予经济上的支持。洛杉矶奥运会筹备小组一筹莫展，最后只好向一家企业管理咨询公司求援，希望他们推荐一位能人来担任奥运会的主办人。

在朋友的极力推举下，好莱坞一家小型运输公司的老板彼得·尤伯罗斯很不情愿地接下了这个"烫手山芋"，出任这一届奥运会的组委会主席。

上任之后，他才发现许多困难都超出了他的想象。他立刻意识到，要想成功地举办这一届奥运会，必须筹到大量金钱，否则一切都是空谈。为此，他做了以下三件事情：

第一件事是拍卖电视转播权。此举使奥组委获利 28 亿美元。

第二件事是寻找赞助单位。尤伯罗斯清楚很多大企业都企图通过奥运会宣传自己的产品，于是想方设法加剧这种竞争。最终，他做出了这样一个规定：本届奥运会只接受 30 家赞助商，每一个行业选择一家，每家至少赞助 400 万美元。

第三件事是"卖东西"。以尤伯罗斯为首的奥运会组委会规定：凡是参加火炬接力的人，每个人要缴 3000 美元。就是这一项，他就又筹集了 3000 万美元。奥委会还规定：凡愿意赞助 25000 美元的人，可以保证在奥运会期间每天获得两个最佳看台座。另外，每个厂家必须赞助 50 万美元才能到奥运会上做生意，结果有 50 家公司各出了 50 万美元，获得了在奥运会上做生意的权利。组委会还制作了各种纪念品、纪念币等出售……

就这样，虽然美国政府和洛杉矶市政府没有掏一分钱，可是最终这一届奥运会赢利 25 亿美元，创造了一个奇迹。尤伯罗斯也因此被誉为"奥运商业之父"。

从此，奥运会的举办权成了各个国家争夺的对象，竞争越来越激烈。可以说，是创新的火焰重新照亮了奥林匹克，赋予了它新的生命力。

踩着别人的足迹前进的人，什么也不会留下。只有开辟出一条新的道路，才能留下坚实的脚印，走向新的天地，开创一个新局面。

创新不是对过去的简单重复和再现，它没有现成的经验可借鉴，也没有现成的方法可套用，需要我们在没有任何经验的情况下去努力探索。因此，一个人要想具有创新思维能力，首先应该具有探索精神。在探索的过程中，我们可能会遭到外人的嘲笑、各种困难的阻挠……可是如果没有这种精神，只满足于现状，我们就永远不可能有所创造。

有些人认为，所有的创新都出自伟大的头脑，事实上并非如此。只要你能勇敢地面对生活中的麻烦或者难题，并且从不同的角度进行思考，你就有可能抓住创新的机遇，从而做出辉煌的成就。因为创新力的开发受后天因素的诱导，尤其是本身努力的程度和方式，它对创新力的培养有着巨大的影响，只要找到新的突破口，认真地培养和开发自己潜在的创造力，就有可能取得意想不到的收获。比如，有些人按照常规思路努力过千万次，却依然没有找到出路，可有些人不费多少努力就成功了，像这种突然而至的成功，往往就来源于创新。

哈佛人深知这些道理，所以他们总能从平凡中发现独特之处，即便是追随别人，他们也能够在此基础上有所超越，成为"另类"的探路者。这一点值得我们年轻人学习和借鉴。

◎ **哈佛练习题**

如实回答下面的问题，看一看你的创新能力如何。

1. 你相信 ESP（超感觉的知觉）吗？

2. 你曾经上过音乐课吗？

3. 在上学时，你喜欢在话剧中扮演角色吗？

4. 你热爱诗歌吗？

5. 你是不是某个剧团的成员？

6. 你曾经是艺术陶瓷班的一名学员吗？

7. 你有没有去参观过艺廊？

8. 你擅长制图和绘画吗？

9. 你愿意成为一名艺术家吗？

10. 你穿最新的服装款式吗？

11. 你阅读彩色版的家庭杂志吗？

12. 你写过短篇小说吗？

13. 你愿意在电影行业工作吗？

14. 你拥有一张图书馆借书卡吗？

15. 你曾经写过诗吗？

16. 你擅长纵横字谜吗？

17. 你喜欢插花艺术吗？

18. 你会弹奏乐器吗？

19. 你愿意成为一名卡通作家吗？

20. 你愿意成为一位发明家吗？

答案解析：

评分标准：回答"是"记 2 分，"我不知道"记 1 分，"不是"记 0 分。将各题的分数相加，计算出总分。

测试结果：

低于 12 分：你应当充分开发自己的创造才能。你很可能把所有才华都投入到某一特定领域中了，并成了该领域的专家，因而没有时间研究其他的事情。但是，探究新领域会使你大大拓宽自己的视野，而且挖掘出你尚未知晓的创造性天分。

13 ～ 25 分：你表现出创造性的学习能力，但你的创造能力没有机会得到发挥。只有当你投入到绘画、写小说等创造性活动中时，你才能充分展示自己在这方面的才华。

26 ～ 40 分：你有很强的创新能力。你可能尝试过许多创造性的工作，并打算继续这样做，因为你从不害怕尝试新鲜事物，也有可能在某一需要创造性的领域获得成功，或者已经获得成功，例如作为作家、设计师或者剧团演员。如果你过去没有尝试过绘画、花园设计或作曲这类创造性活动，那么你不妨尝试一下，因为你似乎拥有从事这些工作的能力，尽管这些才能尚未开发。

感恩：我们原来如此幸运

只要学会感恩、珍惜你所拥有的，人们的内心就会产生一种愉悦之感。
——哈佛大学心理研究专业学生 珍妮·玛蒂尔

随着物质生活水平的提高，许多人耽于享受，一遇到磨难就怨天尤人。这样的人没有感恩之心，所以快乐往往也与他失之交臂。

1941 年，美国以法律的形式规定每年 11 月的第四个星期四为感恩节，提倡人们要懂得感恩。这一点也可以看出美国人对感恩的重视。虽然感恩节一年只有一天，但是感恩的心情是一年 365 天都需要的。哈佛人认为，有没有感恩之心体现了一个人的人生态度，如果你试着每天都怀着感恩的心面对一切，就会发现生活中不如意的事越来越少，而值得你感激和高兴的事越来越多。

感恩是一门快乐生活的哲学，它来自对生活的接受、热爱与自信，是一种被放大的爱。拥有感恩之心的人，会呈辐射状地回馈命运的恩赐，使这种回馈惠及每一个需要帮助的人。刚开始时，这种感恩之心可能只是一种内在的精神修炼，可是久而久之，它就能令人心胸开阔，促使人们以各种方式做出有利于他人的举动，而这么做无疑可以协调社会各成员、群体、阶层、集团之间的关系，促进人与人之间的相互尊重、信任和帮助，对社会来说非常必要。除此之外，这种做法对人们维护内心的安宁感、提高幸福充裕感也是不可或缺的。俗话说："滴水之恩，当涌泉相报。"也是在告诉人们要知恩图报。只有这样，我们才能融入社会这个大家庭之中，并从生活的一点一滴中感受到不同的喜悦。

在常人看来，命运之神对霍金是苛刻得不能再苛刻了：他在21岁时不幸患上了肌肉萎缩症，口不能言，腿不能站，只有三根手指可以活动……

可即便如此，他仍然感到自己很富有："我的手还能动，我的大脑还能思考，我有终生追求的理想，我有爱我和我爱着的亲友，对了，我还有一颗感恩的心……"

虽然霍金的身体高度瘫痪，但是他依然对生活充满了感激之心，他不但取得了巨大的成就，而且一生都既充实又快乐。

相比较而言，很多人比霍金幸运多了，身体健康，衣食无忧，可是依然抱怨这抱怨那，嫌自己拥有的东西太少。像这种不懂得感恩，只知道索取的人，既体验不到相互给予的快乐，也难以适应社会，甚至会做出危害社会的事，以报复社会对自己的"不公"。

针对这种不良现象，哈佛大学神学院副教授杰克·安德鲁说："没有无意义的生活，只有不懂得感恩的人。事实上，生活中有许多人都值得我们去感谢：朋友、家人、老师……甚至是敌人。"

社会中多一份感恩，就会多一些宽容和理解，少一些指责和推诿；多一些和谐与温暖，少一些争吵和冷漠；多一些真诚和团结，少一些欺瞒与涣散……

一个小镇闹饥荒，镇上所有贫困的家庭都面临着危机。面包师卡尔不但富有，而且心地善良。为了帮助人们度过饥荒，他叫来了小镇上最穷的20个孩子，对他们说："你们每一个人都可以从篮子里拿一块面包。以后你们每天都在这个时候过来，我会一直为你们提供面包，直到你们平安地度过饥荒为止。"

这些孩子饿坏了，他们听了面包师的话，都争先恐后地去抢篮子里的面包，有的孩子为了得到一块大一点儿的面包，甚至大打出手。只有一个叫格雷奇的小女孩例外，她每次都最后一个去拿面包，而且总会记得亲吻面包师的手，感谢他为自己提供食物，然后才拿着面包回家。面包师见这个小姑娘虽然很小，却懂得感谢自己，非常感动，心想："这孩子一定是把面包带回去跟家人一起分享了，她可真懂事！"

这一天，格雷奇像往常一样拿着面包回到家里，把面包放在了妈妈手上。妈妈掰开面包，谁知竟然有一枚金币从里面掉了出来。

妈妈惊呆了，对格雷奇说："这肯定是面包师不小心掉进面包里的，你赶快把它送回去。"

格雷奇拿着金币来到面包师家里，对他说："先生，我想您一定是不小心把金币掉进面包里了。"

面包师微笑着说："我是故意把这块金币放进最小的面包里的。你是一个懂得感恩的孩子，这块金币算是我对你的奖赏。"

人们常说，保持微笑可以延缓衰老，常怀感激会使我们的心永远充满希望。因为只有怀着一颗感激之心去生活，我们才能拥有一份理智、一份平和，才会懂得尊重劳动、尊重生命、尊重创造，而不至于浮躁、抱怨、悲观，更不会放弃。所以，如果你改变不了世界，那就改变自己吧，换一种眼光去看世界，你会发现自己很幸运，身边的一切都是促进你成长的"清新氧气"，都值得感谢。

◎ 哈佛练习题

做下面这道测试题，看一看你有没有感恩之心。

1. 你对祖国的忠诚度是多少？

A. 50%　　　　B. 90%　　　　C. 100%

2. 你感激亲人对你的付出吗？

A. 基本不会   B. 有时会   C. 经常会

3. 对于报答父母的养育之恩，你是如何理解的？

A. 还父母的债   B. 社会舆论   C. 源于血缘的亲情

4. 你对自己所在的学校的态度是怎样的？

A. 很不满意   B. 有些不满   C. 基本满意

5. 在教过你的小学老师之中，你还能记得几个人？

A. 基本上都没什么印象   B. 1~2 位   C. 大多数都记得

6. 在餐馆就餐时，你会对服务员表示谢意吗？

A. 不会   B. 视情况而定   C. 经常会

7. 在公共汽车上遇到行动不便的老人时，你会怎么做？

A. 无动于衷   B. 因为不好意思而让座   C. 主动让座

8. 在大街上遇到乞讨者时，你会有什么反应？

A. 避而远之   B. 坦然走过   C. 给予帮助

9. 当别人善意地劝告你时，你会有什么反应？

A. 从不接受   B. 看心情   C. 虚心接受

10. 你认为你和你的竞争对手之间应该是什么关系？

A. 对立关系   B. 相互依存   C. 对手能促进我成长

答案解析：

选择 A 选项偏多：你要注意了，这表明你缺乏感恩之心。建议你从这道测试题中提到的问题入手，逐渐培养自己的感恩之心。

B 选项偏多：你是一个懂得感恩之人。希望你将感恩意识转化为实际行动。

C 选项偏多：恭喜你，你已经将感恩升格为你人生中的大智慧。希望你不但能够回报他人，还能为社会做出贡献。